智慧共生

ChatGPT与
AIGC

生产力工具实践

王树义——

著

人民邮电出版社

北　京

图书在版编目（CIP）数据

智慧共生：ChatGPT与AIGC生产力工具实践 / 王树
义著. — 北京：人民邮电出版社，2023.7
ISBN 978-7-115-61713-2

Ⅰ. ①智… Ⅱ. ①王… Ⅲ. ①人工智能 Ⅳ.
①TP18

中国国家版本馆CIP数据核字(2023)第080709号

内 容 提 要

人工智能（AI）是否会取代人类？是不是所有的事情机器都能比人做得好？当 AlphaGo 能下围棋、ChatGPT 能理解并生成内容时，当每一次 AI 应用取得突破时，这两个问题都会引起人们的广泛讨论。

本书提供了多个 AI 应用的例子，可让读者直观地了解 AI 已经可以出色地完成很多任务。通过一个个具体的案例，本书细致讲解了主要 AI 工具的使用方法，包括 ChatGPT、Midjourney、Stable Diffusion 等 AIGC（人工智能生成内容）工具，以辅助我们完成绘画、视频制作、写作、科研等任务，从而提高工作效率。在具体的案例之外，本书还有对方法论的阐述，可提升读者对 AI 的认知，增强人人都能用好 AI 的信心。希望读者能举一反三，找到更巧妙、更适合自己的 AI 应用方式。

希望通过本书，生活在智能时代的我们能意识到 AI 不再只是机器人或软件，它可以成为我们很好的助手，甚至变成我们的“合伙人”。

◆ 著　　　　　王树义
　　责任编辑　　赵祥妮
　　责任印制　　陈　犇
◆ 人民邮电出版社出版发行　　北京市丰台区成寿寺路 11 号
　　邮编　100164　　电子邮件　315@ptpress.com.cn
　　网址　https://www.ptpress.com.cn
　　北京捷迅佳彩印刷有限公司印刷
◆ 开本：880×1230　1/32
　　印张：7.25　　　　　　　　　　2023 年 7 月第 1 版
　　字数：172 千字　　　　　　　　2024 年 8 月北京第 9 次印刷

定价：59.90 元
读者服务热线：(010)81055410　印装质量热线：(010)81055316
反盗版热线：(010)81055315
广告经营许可证：京东市监广登字 20170147 号

推荐序

很难想象，刚刚接触王树义老师时，我感受到的震惊有多大。他居然精通这么多软件，而且对于每款软件他都有自己独到的使用技巧。更难得的是，他还愿意毫不吝啬地将这些技巧分享给大家。

当时我特别想见见王老师，亲眼看看他使用这些软件的诀窍。于是约好，我开车去天津找王老师学习一下。可惜，后来计划泡汤了，心里一直有点遗憾。

然而好消息是我收到了王老师的新书样稿。这本书详细介绍了许多软件在绘画、视频制作、写作和科研场景中的应用，我数了一下，有二三十款软件。

其实，这只是冰山一角，王老师用过的软件远不止这些。通过这本书，我终于明白了王老师为何能够熟练使用这么多软件。

在书中，他揭示了一个重要的软件使用准则：重器轻用。也就是说，他深信没有任何软件是无可挑剔的，所以不必局限于用一款软件完成所有工作。相反，我们可以灵活组合多款软件，充分利用它们各自的出色功能，高效地完成任务。

就像古时候的神农尝百草一样，王老师尝试过很多软件，发现了每款软件的独到之处。在这本书中，他无私地分享了大量的使用经验，让我们省下了很多试错时间，可以轻松上手。

随着 ChatGPT 的发布，软件工具迈入了崭新的时代。不同于我们过去开发的软件工具，像 GPT 这样的大语言模型具备了对客观世界的综合理解，具有一定的通用智能。通过对其微调（fine-turning），我们可以解锁出它的很多令人惊艳的新功能。

在这本书中，王老师详细探讨了多种 AI 工具，包括 Stable Diffusion、Midjourney、ChatGPT 等。这些工具展现出令人印象深刻的能力，并且还在快速演化中，例如 Midjourney，从 2022 年 2 月到 2023 年 5 月，在一年多的时间里取得了惊人的进步（见图 0.1）……

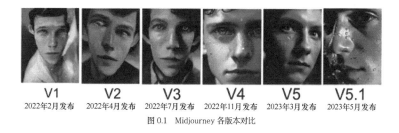

V1   V2   V3   V4   V5   V5.1

2022年2月发布   2022年4月发布   2022年7月发布   2022年11月发布   2023年3月发布   2023年5月发布

图 0.1　Midjourney 各版本对比

进步如此迅猛的 AI 工具，是否让人有点害怕呢？我发现自己越深入接触这些 AI 工具，就越感到恐惧。

ChatGPT 之父、OpenAI 公司首席执行官萨姆·奥特曼（Sam Altman，也译作萨姆·奥尔特曼）在 2023 年 2 月 27 日提出了新版摩尔定律（见图 0.2），宣称宇宙中的智能数量将每 18 个月翻一番[1]。如果这一说法成立，意味着在 30 年后，AI 将比现在聪明 100 万倍。你认为它会比人类更聪明吗？

1　原话中的"intelligence"和"universe"较为模糊，目前尚无定论。

Sam Altman ✔
@sama
...

a new version of moore's law that could start
soon:

the amount of intelligence in the universe
doubles every 18 months

图 0.2　新版摩尔定律

特斯拉公司首席执行官埃隆·马斯克（Elon Musk）曾言："人类社会是一段非常小的代码，本质是一个生物引导程序，最终导致硅基生命的出现。"他的意思是说，碳基生命（地球上的生物）只是启动硅基生命（机器人）的引导程序。

杰弗里·辛顿（Geoffrey Hinton，神经网络之父）也表达了相似的观点："一旦 AI 在人类灌输的目的中生成了自我动机，那以它的成长速度，人类只会沦为硅基智慧演化的一个过渡阶段。"

他还说："我对自己毕生的工作感到非常后悔。我用一个借口来安慰自己：如果我没有这么做，还会有其他人。"

或许他会像爱因斯坦一样（后悔发现了质能转换方程 $E=mc^2$，因为其最终导致了原子弹的出现），觉得自己打开了一个潘多拉的魔盒。

根据一种广为流传的说法，奥特曼被称为"随身携带蓝色背包的人"。这个"战术背包"相当于美国总统便携的核武器发射指令装置，它可以直接连接 OpenAI 公司的核心数据库。一旦奥特曼察觉到 AI 产生了自我意识并对人类构成威胁，他就可以通过这个背包发出秘密指令，让数据库自行销毁。

这是不是很可怕呢？然而我认为，任何技术都有正反两面，就像原子能一样，既可以被人类用来发电，也可能被用于制造毁灭性武器。我们应该思考的是，如何最大限度地发挥技术有利的一面，遏制其潜在的危险。

有人问，AI 会不会取代人类，导致大部分人失业呢？实际上，也许不是 AI 取代人类，而是那些掌握 AI 的人取代那些不懂 AI 的人。所以，掌握 AI 非常重要。

我们观察到：对于程序员而言，AI 可以是个巨大的助力，能够将他们的效率提升 3 倍，甚至 5 倍；而对于想学习新技能的程序员来说，AI 是个超级棒的辅助工具，它能用各种不同的方式解释知识，将复杂的概念拆解，然后讲解得明明白白，并通过丰富多样的示例程序进行教学，甚至，它还能出各种考题，检验学习者的掌握程度。

想象一下，当程序员的效率提高了 5 倍、10 倍甚至更多时，是否会让那些不懂 AI 的程序员望尘莫及呢？

因此可以说，AI 代表着第四次工业革命。一个国家若未能掌握 AI，将面临被淘汰的命运；一个公司若未能掌握 AI，将面临被淘汰的命运；一个人若未能掌握 AI，也将面临被淘汰的命运……

好啦，废话不多说了。感谢王树义老师慷慨分享的优秀指南。让我们一起进入 AI 的世界，开启全新的探索之旅吧！

王川

小米科技联合创始人

2023 年 5 月

前　言

有人把 2022 年称作 AIGC（Artificial Intelligence Generated Content，人工智能生成内容）的元年，我深表赞同。为什么这么说呢？

2022 年 7 月，我曾经用人工智能（Artificial Intelligence，AI）绘图软件 DALL·E 绘制了一张图片，提示（prompt）是这样的[1]：

A comic with a robot wearing a cowboy hat in the center is painting a landscape on a drawing board. The right side of the painting has a creek running through it, with mountains and sunset in the distance in the background.

图 0.3 是绘制出来的图片。

图 0.3　DALL·E 绘制的图片

1　对应中文见本书第 23 页。

我当时非常兴奋，因为就在 1 个多月之前（2022 年 5 月下旬），在另一款 AI 绘图工具 Disco Diffusion 用同样的 prompt 绘图时，出来的图片还只是图 0.4 的效果。

图 0.4　Disco Diffusion 绘制的图片

而在我写作本书的时候，借助最新版的 AI 绘图应用 Midjourney V5，加上 GPT-4（目前 OpenAI 发布的最新 GPT 系列模型，可以在 ChatGPT 中使用）提供的提示增强，已经可以画出图 0.5 所示的效果了。

图 0.5　Midjourney V5 绘制的图片

从这个例子不难看出，AI 绘图在过去这一年疯狂地快速进化。

AI 对我们生活的影响，又岂止绘图这一个方面？

你可能已经听说了，周围不少人悄悄用 ChatGPT 来写总结报告，他们再也不会因为几千字的总结叫苦不迭了。研究生们曾经一想到要用英文来写作并发表论文就头痛不已，很多人甚至花钱雇专业人士来翻译、润色。现在，这样的工作可以由 GPT-4 在几分钟内完成，而且文章风格统一、用词准确，语法和拼写更是无懈可击。

我们还可以利用 GPT-4 调整论文格式、绘制流程图，甚至把原始数据绘制成符合印刷要求的统计图表。提到编程，这绝对是 GPT-4 的强项。它甚至可以在几分钟内帮我们编一个游戏出来。

有了这些工具的加持，很多人的做事效率成倍提升。对他们来说，AI 已经不再是机器人、助手，而变成了他们的"合伙人"。

在本书中，我会列举很多有趣的例子，具体看看 AI 如何扩展我们的能力边界。不久前我们还无法想象这些能力会在 20 年内变成现实，但现在许多不可思议的事情已经发生了。

然而，在欢欣鼓舞的同时，我们也要看到事情的另一面。从另一个角度看，对于某些行业、某些工作岗位来说，AI 带来的变化并不都是好消息。假如你原先的主要收入来源恰恰是为别人翻译论文、润色文章，或作为插画师为自媒体设计插图，那么随着 AI 的普及，你的业务量可能不会保持加速增长。因为很多人会发现，他们可以直接使用 AI 满足自己并不算高的需求，而无须再付费请别人做这部分工作。例如，自从用上了 Midjourney，我就再也没打开过 Unsplash 等图库去寻找高质量的图片。

面对这场变革，有人欢喜有人愁，我们该怎么办呢？

首先要了解的是 AI 现在能帮助我们做什么，以及它实现这些功能的背后逻辑是什么。注意，这并不意味着我们每个人都要去学习 AI 背后的数学公式或浩如烟海的技术文档。这些事情需要劳烦 AI 和 IT 领域的专业人士去考虑。但作为普通用户，我们需要更为清晰地了解 AI 的能力边界在哪里，以避免不切实际的幻想，甚至被骗得团团转。我们可能需要开始着手构建一些靠谱的信息渠道，帮助自己不断了解更为好用的工具，并且知道在什么场合下该选择什么样的工具，以更高效地完成工作。

对于学生来说，这个问题可能会变得更加复杂。例如在专业选择上，你可能要做出一些调整。如果你之前想从事的是那些随着 AI 的发展，业务量会显著下滑、岗位需求会减少的工作，建议你及早做出调整，以免进入一个萎缩的夕阳产业。反之，如果你的专业与 AI 的发展关系紧密，那么你就如同坐上了电梯，可以快速达成许多自己未曾想过的成就。

此外，在 AI 时代，大学生或者职场人士该如何利用课余时间充电？以前我们往往会选择追求专业技能的精进，靠自己的竞争力脱颖而出，例如学生全力以赴背单词，职场人悄悄学编程。但现在，如果不了解 AI 能力的新进展，那么传统的路径可能并不能帮到我们，我们的知识和技能或许会在他人与 AI 的组合面前变得不堪一击。例如你背了很长时间单词，但翻译时依然无法清晰表达自己的意思，更不要说还有很多专业领域的知识与术语。与此同时，你的同事可能一个单词也没有背过，但是他知道该选用哪一个工具做翻译工作，于是可以快速交出令人刮目相看的作品。

我们更需要利用好 AI 带来的机遇，把宝贵的时间和资源投入真正能够发挥自己长处的地方，从而获得更大的竞争优势。比如，GPT-4出现以后，学好如何驾驭提示工程（prompt engineering），或许要比背诵某一门编程语言的语法有用得多。

这就是我要写作本书的原因。

首先，我希望它能够提升你对AI的认知。我曾经发过这样的感慨："ChatGPT时代，见识比记忆更重要，品位比经验更有用。"很多时候，我们不能很好地利用AI来为自己赋能，并非因为能力欠缺，而只是"不知道"而已。本书提供了很多AI应用的例子，可让你了解现在的AI是可以做到这些的。更希望你能够举一反三，触类旁通，找到更巧妙、更适合自己的AI应用方式。

其次，我希望通过本书让你增强信心。AI背后的技术非常复杂，GPT-4这样的大模型的研发、训练和部署都需要大规模的组织协作、资源投入才能完成。但对于普通用户来说，我们根本不用了解过多的技术细节，就可以利用它做好自己的工作。我非常赞同fast.ai创始人Jeremy Howard（杰里米·霍华德）的理念：你不需要一个博士学位，不需要了解微积分，也可以应用深度学习这样的技术。

如果通过阅读本书，你能够达成上述这两点——认知提升和信心增强，作为作者的我就感到非常欣慰了。

AI时代就这样到来了。既然AI能够做到很多从前只有人类才能做到的事，我们每一个人就不得不重新审视和思考自己的专业能力。当然，若能了解AI如何帮助我们提升自己的竞争优势，就更好了。

有的人提出，我们应该让AI的研究停滞下来，等等追得气喘吁吁的人们。

这个提议很有人文关怀，但是根据博弈论，全世界一起叫停这场 AI 变革，恐怕很难实现。拒绝 AI 不是一个合理的选项，因为那意味着浪费和失去机遇。关键问题在于，在这场变革中，你究竟处在哪个位置？

我给你的建议是持续构建自己的信息渠道，更新自己的知识库，把自己的效率工具打磨得更加锐利，做到与时俱进。至少，你要避免有一天醒来时，突然发现自己不再被社会需要。

祝你在 AI 时代，多一些轻松和愉悦，少一些烦恼和焦虑。下面让我们一起开始这趟令人激动的旅程吧！

王树义

2023 年 5 月

服务与支持

本书由异步社区出品，社区（https://www.epubit.com/）为您提供后续服务。您可以扫描右侧的二维码并发送"61713"添加异步助手为好友，获取配套资源。

提交勘误信息

作者和编辑尽最大努力来确保书中内容的准确性，但难免会存在疏漏。欢迎您将发现的问题反馈给我们，帮助我们提升图书的质量。

当您发现错误时，请登录异步社区，按书名搜索，进入本书页面，单击"提交勘误"，输入勘误信息，单击"提交"按钮即可。本书的作者和编辑会对您提交的勘误信息进行审核，确认并接受后，您将获赠异步社区的100积分。积分可用于在异步社区兑换优惠券、样书或奖品。

与我们联系

我们的联系邮箱是 contact@epubit.com.cn。

如果您对本书有任何疑问或建议，请您发邮件给我们，并请在邮件标题中注明本书书名，以便我们更高效地做出反馈。

如果您有兴趣出版图书、录制教学视频，或者参与图书翻译、技术审校等工作，可以发邮件给我们；有意出版图书的作者也可以到异步社区投稿（直接访问 www.epubit.com/contribute 即可）。

如果您所在的学校、培训机构或企业想批量购买本书或异步社区出版的其他图书，也可以发邮件给我们。

如果您在网上发现有针对异步社区出品图书的各种形式的盗版行为，包括对图书全部或部分内容的非授权传播，请您将怀疑有侵权行为的链接通过邮件发送给我们。您的这一举动是对作者权益的保护，也是我们持续为您提供有价值的内容的动力之源。

关于异步社区和异步图书

"**异步社区**"是人民邮电出版社旗下 IT 专业图书社区，致力于出版精品 IT 图书和相关学习产品，为作译者提供优质出版服务。异步社区创办于 2015 年 8 月，提供大量精品 IT 图书和电子书，以及高品质技术文章和视频课程。更多详情请访问异步社区官网 https://www.epubit.com。

"**异步图书**"是由异步社区编辑团队策划出版的精品 IT 专业图书的品牌，依托于人民邮电出版社的计算机图书出版积累和专业编辑团队，相关图书在封面上印有异步图书的 LOGO。异步图书的出版领域包括软件开发、大数据、人工智能、测试、前端、网络技术等。

异步社区

微信服务号

目 录

第 1 章 AI 绘图：让构想在画布上飞扬

Stable Diffusion、DALL·E、Midjourney 一次次在互联网上掀起热潮，让人感叹人工智能（Artificial Intelligence，AI）绘图的技术"日新月异"，甚至已出现给 AI"打杂"的插画师岗位，工作内容是使用 AI 绘图工具产生不同风格的插画并精修。得益于技术的飞速进展，即使我们从来没有接触过画画，AI 也能让我们的构想在画布上飞扬。

1.1 Text to Image Art Generator

有小伙伴问，根据关键词从 Unsplash 平台[1]搜索图片，和通过 Text-to-Image GAN 生成图片是不是一回事？Text-to-Image GAN 指的是文本到图像[2]的生成式对抗网络，GAN 即 Generative Adversarial Network，如图 1.1 所示。

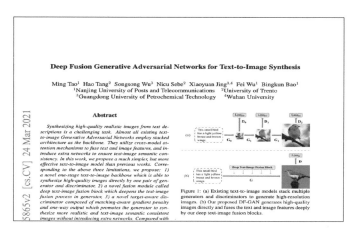

图 1.1 GAN 论文

我当时简要回答了一下，大意为：前者是从"有"中寻找，后者是"无中生有"。也就是说，Unsplash 平台上面虽然有很多图片，但是只有它先有了某张图片，你才能通过关键词找到，如图 1.2 所示。

但是利用 GAN 等 AI 生成技术，就完全没有这个前提限制。你可以让计算机利用 GAN 做出一张亘古至今都不曾存在的图片，GAN 的运行原理如图 1.3 所示。

---

1 Unsplash 是一个免费无版权的图片分享平台。

2 本书中的图像一般指图片，两者未严格区分。

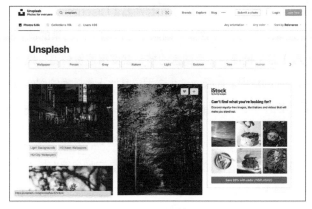

图 1.2　Unsplash 平台

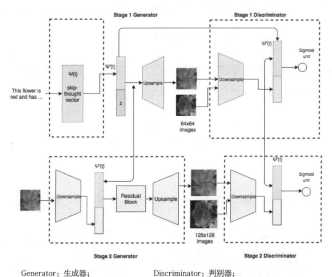

Generator：生成器；　　　　　　　　Discriminator：判别器；
skip-thought vector：跳跃思维向量，skip-thought 模型生成的向量；
Upsample：上采样；　　　　　　　　Downsample：下采样；
Residual Block：残差块；　　　　　　Sigmold unit：以 Sigmoid 函数为激活函数的神经元

图 1.3　GAN 的运行原理

此处并不准备详细拆解图 1.3 每一部分的原理。GAN 的运行包括核心的两部分：生成器（Generator）和判别器（Discriminator）。打个比方，前者是画家，后者是评论家。画家（生成器）画出来的画，被评论家（判别器）打击批评。然后画家的技艺就变得愈发精湛，甚至可以通过评论家严苛的审视。你看，这个过程显然比人类画家的创作过程更有效率。因为换作是我，每画一幅画，都要遭受别人严厉的批评，估计早就不干了。

当这个模型运行过许多轮次后，画家就学会了如何根据输入的文字，画出"符合要求"的画作。而我们只要拿到这个模型并运行，就可以摘取到"低垂的果实"了。不过问题在于，使用 AI 技术有一定的门槛，普通人即便调用别人训练好的模型，也没那么方便，至少得准备好计算资源、存储空间，还需要进行足够细致的设置。

我从阮一峰的博客上看到了这样一款工具，即使我们不了解任何 AI 和深度学习的知识，使用它也能轻易尝试文字到图片的生成。如此一来，我们可以用实践来体会什么叫作"无中生有"。我们唯一需要做的，只是输入一句英文。这款工具的名字叫作 Text to Image Art Generator，其网站首页如图 1.4 所示。

图 1.4　Text to Image Art Generator 网站首页

为了能够顺利收到运行结果，需要注册一个免费账号。注册过程很简单，此处就不展开介绍了。注册页面如图 1.5 所示。

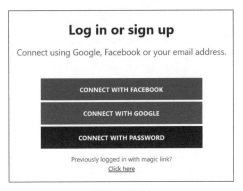

图 1.5　注册页面

然后，就可以开始自己的创作了，如图 1.6 所示。

图 1.6　开始创作

只需要在文本框中输入要表达的内容即可，注意要用英文，如图 1.7 所示。

例如这里输入（参加奥运会 100 米赛跑比赛的霸王龙）:

```
a t-rex playing in olympics 100 meters running game
```

图 1.7 文本框中输入

然后往下滑动，选择输出的图片类型，如图 1.8 所示。这里有 3 种选择:
Thumbnail（缩略图）、Low Res（低清晰度）、Medium Res（中清晰度）。

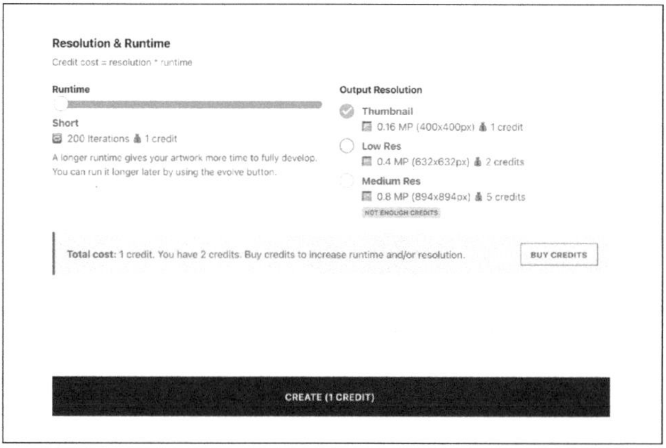

图 1.8 选择图片类型

不同的图片类型消耗的点数（credit）不同。每个用户注册时免费获得 3
个点数，后面就得付费购买了。为了低碳环保和节约点数，这里选择的是缩略图，然后单击"CREATE"按钮就可以开始创作了，如图 1.9 所示。

图 1.9　开始创作

根据输入内容的难度，等待创作的时间可能不同。少安毋躁，过一会儿再刷新，就能看到计算机自动生成的图片了，如图 1.10 所示。

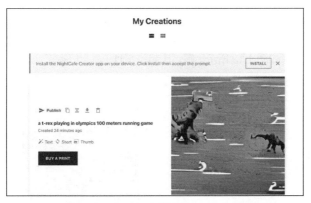

图 1.10　生成的图片 1

单击图片可以看到图片的细节，如图 1.11 所示。

图 1.11 图片的细节

其实一个缩略图哪有什么细节呢？这图片画得……怎么说呢？我只能用"一言难尽"来形容。看来这个模型在训练的时候，似乎没有包含太多古生物细节的图片。

我们不妨多尝试几次。这次换成地球上目前存在的生物，这样生成的东西可能更加具象一些。例如输入（深海中鲨鱼上的一个小男孩）：

```
a small boy on the shark in deep ocean
```

生成的图片如图 1.12 所示。嗯，比起图 1.11，感觉好多了。

图 1.12 生成的图片 2

1.2　在 MacBook 本地运行 Stable Diffusion

Stable Diffusion 是 AI 图像生成发展过程中的一个里程碑，相当于给大众提供了一个可用的高性能模型，不仅生成的图像质量非常高、运行速度快，而且对计算资源和内存的要求也较低。目前，Stable Diffusion 的代码和模型都已开源。

按理说，每一个感兴趣的用户都已经在开心地尝试用 Stable Diffusion 作画，但是这种模型在工作中需要有足够的算力支持。以前还得需要一块专业级图形处理单元（Graphics Processing Unit，GPU）来运行它，如图 1.13 所示。我买不起专业级 GPU，怎么办呢？我就从 Google Colab 租了云 GPU 来用，为此还交了钱订阅 Colab Pro。

图 1.13　GPU 设置

而随着 PyTorch 对苹果芯片支持的完善，现在完全可以在自己的 MacBook（M1/M2 芯片）上面运行 Stable Diffusion，从而获得绘图结果了。不花一分钱去租或者买 GPU 就能在本地出图，那岂不是相当干随身携带了一个插画师？想想都兴奋。

但问题是，为了实现这个功能，用户需要按照别人提供的详细教程，在本地安装一系列软件包。但凡 Stable Diffusion 在设置上稍微出点儿问题，往往就会让小白用户手足无措，如图 1.14 所示。

图 1.14　设置出错

我明明只是打算输入文本生成图片，为什么需要先达到计算机二级终端命令行操作水平？这个痛点，不只是想尝鲜的新手会有，就连专业人士也会觉得很麻烦。因为大家这么多年被图形界面宠坏了，早就习惯了窗口交互。使用 Stable Diffusion 时连换个描述语都要在一行行代码里面做文本替换，很不方便。

后来我偶然看到了一个 GitHub 项目，叫作 Diffusion Bee[1]，可以有效解决这个痛点——终于，在 MacBook 上面，图形界面开箱即用。不需要手动安装依赖、在命令行中输入参数，更不用对报错调试……总之，可以直接用 Stable Diffusion 来画图了。Diffusion Bee 项目界面如图

1　项目地址为 https://github.com/divamgupta/diffusionbee-stable-diffusion-ui。

1.15 所示。

图 1.15　Diffusion Bee 项目界面

我们需要做的，就是单击"Download for MacOS"按钮，如图 1.16 所示，下载安装包，完成安装，打开软件。

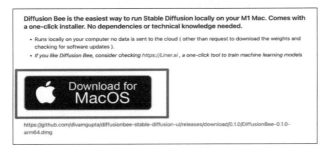

图 1.16　"Download for MacOS"按钮

首次运行时，Diffusion Bee 需要下载两个模型，总大小超过 4.5GB，如果网速较慢，就需要等待较长时间。好在这是一次性的，以后就不用这么麻烦了。当模型全部下载完毕，就会进入一个非常简洁的操作页面，如图 1.17 所示。

图 1.17 操作页面

然后输入提示（prompt），单击"Generate"按钮就可以生成图片了。例如输入"A cat and a dog chasing each other on planet mars"（一只猫和一只狗在火星追逐嬉戏），生成过程如图 1.18 所示。

图 1.18 生成过程

Diffusion Bee 生成图片的速度取决于计算机的硬件配置。根据官方说明,16GB 内存的 MacBook（M1）,生成一张图片大概需要 30s。我的计算机是 2020 款初代 MacBook（M1）,配置低一些,而且内存里面驻留了很多服务,生成图片的时间也就相应延长。如果你的计算机配置更高、内存更大（例如 32GB）,那么生成速度会更快。

这一示例 prompt 生成的图片如图 1.19 所示,你觉得怎么样？我觉得这款 AI 绘画工具还不够智能——应该给猫和狗穿上专业太空服,要不然怎么能体现出火星环境呢？

图 1.19 生成的图片

当然,描述过于简单也是一个主要原因,在原来的基础上加入新的描述就可以解决这个问题了。单击图片下方的"Save Image",然后就可以尝试生成下一张图片了。

一些自媒体文章的题图就可以通过这个小应用来生成。比如图 1.20 是我使用过的题图，它就是通过以下 prompt 生成的: A painter is drawing a picture on a MacBook（一位画家正在 MacBook 上画画）。

图 1.20 作者使用过的题图

你觉得效果怎么样？ Diffusion Bee 的作者感慨，说没有想到一个周末完成的小项目，居然收获了那么多的关注，甚至冲上 HackerNews（一个知名新闻频道）的榜首。

估计有很多专业用户会嗤之以鼻:"哼，不就是给命令行套了个壳吗？有啥了不起？花里胡哨的!"

其实我倒觉得，Diffusion Bee 受到欢迎非常容易理解——同等动机水平下，人们更喜欢降低行为的成本。没错，这样一个小应用，看似不过是给命令行早就能够达成的功能"套个壳"，但这看似很小的一点改进，却使得一项新技术可以瞬时触达更多普通用户。他们原本是有使用的热情的，只不过被复杂的操作方法和频繁的报错折磨到放弃了。所以，如果你有机会，能用低成本减少一群人的痛苦，那么别怕被所谓的"专业人士"嘲笑，尽管去做有价值的事吧！

1.3　OpenAI 的 AI 绘图工具 DALL·E

DALL·E 是 OpenAI 推出的图片生成模型，能够直接通过文本描述生成类似超现实主义的图片，让机器也能拥有顶级画家、设计师的创造力。我 2022 年 4 月 7 日提交的申请，到 2022 年 7 月 13 日（差不多 100 天）收到了可以使用 DALL·E 的通知，如图 1.21 所示。

You're invited to create with DALL·E

The wait is over, your invite has arrived! We can't wait to see what you create. As one of the first to access this early research preview, we trust you to use DALL·E responsibly.

Get started

图 1.21　DALL·E 欢迎示意图

赶紧点进去后，欢迎我的是这样一个霸王条款，如图 1.22 所示。条款的内容简单概括来说就是：图片只能个人使用，严禁商用；而且 OpenAI 对于 DALL·E 创作出来的图片拥有所有权，用户只对自己上传到系统的图片拥有所有权。但是，为了改进模型，OpenAI 可能会用用户上传的图片作为训练数据。

面对这样的条款，如果是其他产品，我可能就不用了。但是这回不行，DALL·E 对我的吸引力太大了。

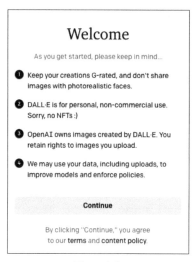

图 1.22 条款

1.3.1 尝试使用 DALL·E

我输入了这样一段描述文字（一只功夫熊猫正在树林里与霸王龙搏斗）:

A kung fu panda is fighting with a T-rex in the woods

然后模型开始工作。在图片生成过程中会有一些提示，帮你改进后续的内容输入方式。提示示例如图 1.23 所示。

图 1.23 提示示例

图 1.23　提示示例（续）

几十秒之后，我看到了生成的图片，一共 6 张[1]，如图 1.24 所示。你更喜欢哪一张呢？

图 1.24　一只功夫熊猫正在树林里与霸王龙搏斗

我正玩得不亦乐乎，儿子进来了。他刚放假，最近在和弟弟养小鸡。于是他出了一个题目（两个小男孩在逗弄两只毛茸茸的小鸡）：

```
Two little boys, teasing two fluffy chicks
```

1　在本书出版前，DALL·E 已改为一次可生成 4 张图片。

生成的图片如图 1.25 所示。他不是很满意，因为这两个小孩明显是外国人。

图 1.25　两个小男孩在逗弄两只毛茸茸的小鸡

于是我修改了一下描述（两个亚洲小男孩在逗弄两只毛茸茸的小鸡）：

```
Two little Asian boys, teasing two fluffy chicks
```

生成的图片如图 1.26 所示。这次看起来好多了。

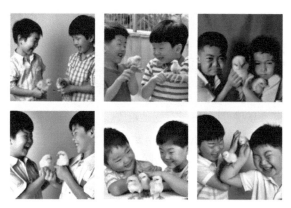

图 1.26　两个亚洲小男孩在逗弄两只毛茸茸的小鸡

1.3.2　和其他图片生成工具的对比

在 1.1 节，我们已经感受到 Text to Image Art Generator 这款工具的绘图能力。下面来对比 Text to Image Art Generator 和 DALL · E 在相同提示下生成的图片的差别。

这是第一句（深海中鲨鱼上的一个小男孩）：

```
A small boy on the shark in deep ocean
```

Text to Image Art Generator 对应生成的图片如图 1.27 所示。

图 1.27　Text to Image Art Generator 生成的图片 1

我把同样的内容输入 DALL · E 中，生成的图片如图 1.28 所示。

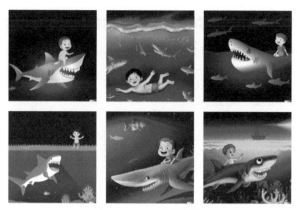

图 1.28 DALL·E 生成的图片 1

果然是没有对比就没有伤害啊!

1.1 节里还有一句话(参加奥运会 100 米赛跑比赛的霸王龙):

```
A t-rex playing in olympics 100 meters running game
```

Text to Image Art Generator 生成的图片如图 1.29 所示。

图 1.29 Text to Image Art Generator 生成的图片 2

同样的文本,在 DALL·E 里生成的图片如图 1.30 所示。只能用"不可同日而语"来形容了吧!

图 1.30 DALL·E 生成的图片 2

我想再对比一下 Disco Diffusion 和 DALL·E 的区别。

我们先试试第一组(一幅美丽的风景画,画的是一个穿着黑色长袍的巫师,以及一只在原始森林中激战的霸王龙,一个 9 岁的男孩和一个 5 岁的男孩在角落里看着他们。):

```
A beautiful landscape painting of a wizard in black robes,
and a Tyrannosaurus rex in a fierce battle in the primeval
forest. A 9-year-old boy and a 5-year-old boy are watching
them in the corner.
```

Disco Diffusion 经过几十分钟生成的图片如图 1.31 所示。

图 1.31　Disco Diffusion 生成的图片 1

而 DALL·E 经过几十秒生成的图片如图 1.32 所示。

图 1.32　DALL·E 生成的图片 3

再来对比另外一组（漫画中一个戴着牛仔帽的机器人正在画板上画风景。这幅画的右侧有一条小溪穿过，背景是远处的山脉和日落，由巴勃罗·穆尼奥斯·戈麦斯在艺术台上创作。）：

```
A comic with a robot wearing a cowboy hat in the center is
painting a landscape on a drawing board. The right side of
the painting has a creek running through it, with mountains
and sunset in the distance in the background by Pablo Munoz
Gomez Trending on artstation.
```

Disco Diffusion 生成的图片如图 1.33 所示。

图 1.33　Disco Diffusion 生成的图片 2

DALL·E 生成的图片如图 1.34 所示，其中我最喜欢的是第 6 张。

图 1.34　DALL·E 生成的图片 4

1.3.3　AI 作画带来的思考

我不厌其烦地展示 AI 作画的能力，并不是显摆"看我用计算机画得多棒"或跟你鼓吹"艺术家要失业了"之类的危言耸听。艺术家不会失业，他们会和 AI 联合，让工作变得更高效，并突破人类创造力的现有边界。但是，有两件事情需要我们注意。

第一件事情是，从事非艺术绘画创作的人可能会遭遇职业危机。例如我从前写文章，需要自己从 Unsplash 等公共版权图库查找题图，以避免将来被追索版权费（很多摄影、绘画作品也是靠授权来获得收益），但是现在，对于题图，我觉得 AI 绘制的图已经足够用了。当然，前面提到过，版权依然是个问题。如果想把机器生成的图片用于商业目的，DALL·E 并不适合。不过技术的进步会带来更快的迭代速度和更好的绘画质量，而且先进技术会被迅速应用。我们可以期待，后续会有更多的类似工具出现，而且像 Disco Diffusion 一样，它们并不会给用户带来版权的困扰。

另外一件事情更让人担心。在数据分析与信息服务发展国际会议上，其中一位主讲嘉宾 Daniel · Acuna（丹尼尔 · 阿库纳）提出了科研伦理中的典型问题——图片抄袭。很多论文的抄袭、剽窃都是通过图片对比被发现的。讲到这里，你可能会感到奇怪，为什么非得原封不动、像素级复制别人论文中的图片呢？这是因为对于科研中的证据图片（例如通过显微镜观察到的事物的图片）或分析结果图，要想"无中生有"其实挺困难的。多种因素使得"生造的"图片很容易被专业人士识别出来。因此更多人铤而走险把原图里面的元素稍加改动或者干脆复制粘贴，形成自己的图。这是侥幸心理在作祟，期盼别人发现不了自己所制作的图和原图之间的联系。

我在想 DALL · E 这样强悍的工具的出现，对于学术论文图的造假意味着什么？很多领域，例如生物、医学，都有大量的图片和它们对应的描述。一旦有人把这些内容进行采集，微调 DALL · E 等模型，完全可以瞒天过海，仅用自己的语言描述，就把想要的结果直接变成制式、风格全都无懈可击的"新"照片或图片。这将给研究结果真实性和原创性的审核带来严峻的挑战。

有什么好办法来应对吗？我能想到的，是用技术对抗技术。面对新的科技浪潮，往往拥抱比排斥更明智。只有同样"见多识广"的模型，才能打败这种违背学术道德的"无中生有"。让我们拭目以待吧。

而在 2022 年 7 月，DALL · E 2 Beta 版（公开测试版）开始测试；2022 年 11 月，Beta 版开放使用。

1.4 用 Midjourney 绘制皮克斯风格头像

元宇宙时代，有个卡通的头像（avatar）似乎是刚需。我看到很多小伙伴都给自己弄了一个头像，而且大多保持了神似，很是羡慕。我也想给自己弄一个，不过雇人设计太贵；自己画嘛……我画的武松打虎是图 1.35 的效果。

图 1.35 武松打虎

所以，我还是得找帮手来绘制。好在有 AI 绘图工具了！越来越多的人在网上展示自己皮克斯三维（3D）风格的头像，效果看着很不错，而且他们透露都是用 Midjourney 绘制的。

我因为要给自己的公众号和视频加封面图，所以早就付费订阅了 Midjourney。听说它除了画封面，还能画头像，我觉得付费的价值倍增，很是开心。

可问题是，我请教一些成功的先行者，在 Midjourney 里该用什么样的 prompt（提示）来绘制时，他们却总是讳莫如深。说来这也不稀奇，因为现在 prompt 是可以在市场上售卖的。

既然得不到免费的 prompt，我决定自己来尝试。我把自己在正式场合用的证件照（见图 1.36）发到了 Discord 里，然后获得了链接。

之后我把链接加入 Midjourney 的 prompt 中。

```
https://s.mj.run/G9Qf3tp-7gg
disney style, --ar 3:2
```

图 1.36　作者的证件照

尝试的结果如图 1.37 所示，这让我几乎立即死了这条心。

图 1.37　Midjourney 生成的图片 1

这哪里像我啊？一副"社会人"模样。再说谁让你给加姑娘了？加人也就忍了，加一只老鼠（第 2 张）算什么事？看来，这"买家秀"和"卖家秀"还是差距巨大啊!

还好,我的信息来源算是比较多元化的。我偶然看到有人分享了绘制皮克斯 3D 风格头像的效果,如图 1.38 所示。这不就是我心心念念的头像效果吗? 太棒了!

图 1.38 皮克斯 3D 风格头像的效果

更惊喜的是,人家连 prompt 一并发布了,对应的 prompt :

```
<image url>simple avatar, pixar, 3d rendering, flat <color>
gradient background --s 500
```

我立即就行动起来,把自己的头像"扔进去"绘制。

```
https://s.mj.run/G9Qf3tp-7gg, simple avatar, pixar, 3d
rendering, flat white gradient background --s 500 --v5
```

一下子出来了图 1.39 的结果。果然比之前好了许多。

图 1.39　Midjourney 生成的图片 2（请忽略第 3 张）

我还尝试了自己在大雾山的头像照片（见图 1.40），用的以下 prompt：

```
https://s.mj.run/o4nFSqwPwps simple avatar, pixar, 3d
rendering, flat white gradient background --s 500 --v5
```

生成的图片如图 1.41 所示。

可是我觉得绘制出来的人像怎么
看也不像我。于是我干脆增加了
设定 --iw 1.5，提升原始图片的
权重。

图 1.40　在大雾山的头像照片

```
https://s.mj.run/o4nFSqwPwps simple avatar, pixar, 3d
rendering, --s 500 --iw 1.5 --v5
```

于是这次出来的效果如图 1.42 所示。

图 1.41　Midjourney 生成的图片 3（请忽略第 4 张）

图 1.42　Midjourney 生成的图片 4

我觉得第 3 张还能用。将它发到朋友圈里面，朋友们表示：萌萌哒。

至于那张较为正式的证件照，这次也加上了图片权重，依然是 --iw 1.5。

```
https://s.mj.run/G9Qf3tp-7gg simple avatar, pixar, 3d
rendering, --s 500 --iw 1.5 --v5
```

出来的效果如图 1.43 所示。思来想去，我还是选了第 1 张。

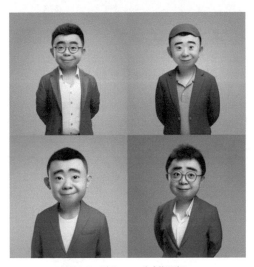

图 1.43　Midjourney 生成的图片 5

你有没有发现一个问题：为什么非得给我戴个眼镜呢？我原始照片里没有眼镜，这令我很不解。

我将第 1 张图片发到网上，有小伙伴建议加上一个 --iw 2，进一步提升原图权重。我尝试了一下，生成的图片如图 1.44 所示。

看到这一组，只能说，加了眼镜的……还好。

又有人出主意，说可以在 prompt 中指明 --no glasses，要求 Midjourney

去掉眼镜。我又照做了，生成的图片如图 1.45 所示。

图 1.44　Midjourney 生成的图片 6

图 1.45　Midjourney 生成的图片 7

这一圈下来，我觉得还是留着图 1.46 所示这张吧。

图 1.46 比较喜欢的头像

1.5 中文 AI 绘画：造梦日记

前面介绍了使用 Stable Diffusion、DALL · E、Midjourney 绘图的方法。但如果自己的计算机配置太低或注册遇到问题，是不是就只能眼巴巴看着别人体验新科技成果了呢？当然不是，如今 AI 技术的普及已经是科技发展的趋势了。

本节介绍一种不需要安装任何应用的 AI 绘画体验方式，而且我们不用把自己的想法翻译成英文，直接输入中文就可以。这是一个微信小程序，叫作"造梦日记"，开发者是西湖大学蓝振忠老师团队。

这里给读者做个演示。我看到有人分享了一段喷气式背包实验场景的视频，觉得很有意思。视频截图如图 1.47 所示。

于是我就在朋友圈感慨："有了这玩意儿，上班堵车不是事儿了。"

感慨之后，我觉得光用文字表达不够形象，又想到刚好可以用造梦日记画出来。于是我打开小程序，输入了这样一段话：

一个背着喷气式背包的中年人在交通拥堵的马路上轻松自在飞行

小程序里可以选择图片的风格。我选择的是"赛博朋克"，觉得和主题很搭，如图 1.48 所示。

图 1.47　喷气式背包实验场景的视频截图　　　　图 1.48　造梦日记风格选择

然后选择艺术家。我对赛博朋克艺术家不了解，于是设置成"不限定"，如图 1.49 所示。

下面还有一个选项，是图片的尺寸，不过目前除了 1 : 1，其他尺寸都需要开通 VIP 才能设置。我觉得对于展示的画作来说，1 : 1 体验足够了。做了这些设定后，就可以直接画了，如图 1.50 所示。

图 1.49　艺术家选择　　　　　　　　　　图 1.50　开始绘制

这里需要等上几秒，比本地 MacBook（M1）运行 Stable Diffusion 快多了。生成的画作如图 1.51 所示。你感觉怎么样呢？

图 1.51　生成的画作

当然，我也尝试了一些其他的画，例如中国风的"雪中山寺古钟"，如图 1.52 所示。

图 1.52　中国风的"雪中山寺古钟"

雪、山、寺庙都齐全了。感兴趣的读者可以上手体验文字生成图片了。

第 2 章

AI 辅助视频工作：高效完成视频录制与剪辑

现在是移动互联网时代，学习和工作中需要用到视频制作的地方还真不少。视频生产效率已成为传统媒体向智能媒体跨越的一个节点，利用 AI 技术可以完成视频内容制作中的很多重复性工作，比如抠除视频背景、快速剪辑等。本章为完整介绍视频生产相关流程，对部分非 AI 工具也进行了使用介绍。

2.1 如何高效录制教学视频?

很多人都有录制视频的需求,工具的选择也确实是个共性问题。特别是随着线上教学场景的增多,老师们需要录制讲解视频的情况也更多了。我的同事曾经为参加教学评比而犯愁怎么录制视频,还以为要去买专业的设备。我把自己的工作流程分享出来后,他只花了一个多小时就搞定了从准备到录制的全过程,而且视频的最终效果很专业。

实际上,教学视频有个特点,就是相对标准化的模式。如果你经常在视频网站看开箱评测视频,会以为录视频必须多镜头切换、各种 B-roll(辅助性镜头)和动态过场反复穿插,复杂无比,所以觉得需要投入很多精力。其实大可不必,因为教学视频的目标是把内容介绍清楚,让观看者能理解就好。下面我介绍一下自己录教学视频的流程[1]。

2.1.1　视频采集

首先是视频采集。现在专业的教学视频往往会在角落出现讲者的上半身镜头,如图 2.1 所示,这样观众会认为讲者真的是在对自己授课,比较容易集中精神听。后来我发现这种形式还有个附带的功能,就是打上了一个动态的 logo(标志)。有些讲者会在录制中挪动自己的身体,很多时候并不仅仅是怕遮挡内容,也是为了防止盗版。

那这样的视频该怎么录呢? 很多人往往会建议用 OBS(Open Broadcaster Software,一个免费、开源的视频录制和视频实时交流软件)。各种图层叠加,用绿幕甚至虚拟绿幕,用过滤器把绿幕去掉变成透明效果……

1　这一节有较多效果需通过动图来体现,感兴趣的读者可以访问链接 https://sspai.com/post/69066。

OBS 的内容非常丰富，可以单独写成一本书了。于是许多人干脆放弃。

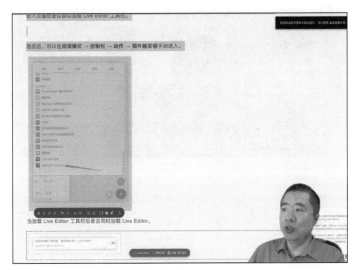

图 2.1　出现讲者的上半身镜头

但如果你录制视频的目的是教学，其实没必要给自己设置这么陡峭的学习曲线。我推荐一款工具软件，叫作 mmhmm，如图 2.2 所示。这款软件的好处在于默认处理好了内容展示、讲者头像和虚拟绿幕这些环节。

mmhmm 支持多 Rooms（场景），这样讲者可以根据自己的内容风格不断切换场景，使得内容与表现形式保持一致（至少不违和）。

mmhmm 也集成了各种特效；为了支持讲解还提供了各种手势，例如 big hand，这些手势都是根据 AI 的手势识别功能自动呈现的。

对于不同的幻灯片，mmhmm 可以预先设置完全不同的参数，例如幻灯片摆放的方式、人像大小、透明度等，避免演示的中途手忙脚乱，如图 2.3 所示。

图 2.2　mmhmm 软件界面

图 2.3　预先设置幻灯片的参数

对于不同的幻灯片，mmhmm 还可以将其低成本设定成各种预制幻灯片，且输入来源很全面，从一段文字、一段视频到一个窗口，甚至是外部设备（例如 iPad Pro），如图 2.4 所示。很多设定做好之后也都可以复用。

图 2.4　设定成各种预制幻灯片

mmhmm 的功能还有很多，这里就点到为止。毕竟有很多高级功能我自己也不怎么使用，甚至就连录屏我也不用 mmhmm 的自带功能，因为我觉得不方便。

2.1.2　录制

下面，我们就来谈谈第二步——录制。我使用免费的 OBS 录制。熟悉我的读者都知道，我平时也做直播。用 OBS 不仅可以推流，同时还可以把直播内容录制下来，进行编辑后二次发布，非常方便。

录制时只是把视频场景设置成 mmhmm Camera 就行了，如图 2.5 所示；对应的音频可以设置成 mmhmm Audio，如图 2.6 所示。

这样设置的好处是在 mmhmm 里面的声音都能被采集，不管是从麦克风输入的还是桌面播放的视频的。这样推流直播和录制就不必来回切换，甚至多音源输入时也不会带来不必要的回声了。

图 2.5　用 OBS 录制

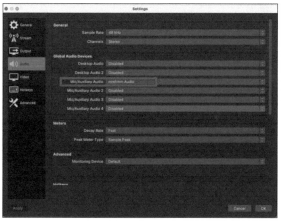

图 2.6　音频设置成 mmhmm Audio

我设定了默认输出的位置在"影片（Movies）"目录，如图 2.7 所示，每次录完之后去那儿找；另外还可以设置一个快捷键，这样录制和停止更为方便，如图 2.8 所示。

图 2.7　默认输出

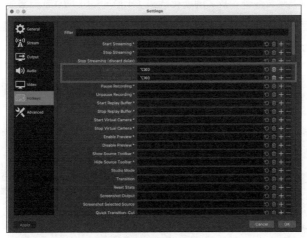

图 2.8　录制和停止的快捷键设置

OBS 不但功能强大，而且还很稳定，根本不用把它放在前台；只需要一个快捷键，它就可以在后台默默开始录制工作了。

这么用 OBS，可能不少人会说："这么强的 OBS，你连 1% 的功能都没有用到！暴殄天物！"因为我不需要啊！但那些复杂的图层堆叠、场景切换、绿幕去背景……mmhmm 不是已经替我做了吗？把两个在不同方面有特长的工具稍加结合，我们可以少学很多技能，但是能做到同样的事，甚至做得更好。因为降低了复杂度，系统稳健性就会增强。这样一个系统设置好之后，根本就不需要随时盯着。只需要确认已经开始录制，然后在 mmhmm 里选择场景，开始说话；需要演示的时候，在 mmhmm 里面换一个场景，直接翻幻灯片，或者在应用窗口里操作就行。中间的过程不必那么纠结，反正最后都可以剪辑。

2.1.3　剪辑

剪辑的工具有很多，我之前还花钱买了 Final Cut Pro 教育套装，挺贵的。后来我发现，录制这种教学视频根本用不到其中的各种高级功能，用免费的剪映就完全可以，如图 2.9 所示。

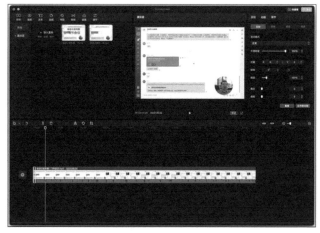

图 2.9　剪映的界面

剪映的很多功能都是预置好的，比如丰富的字幕样式，如图 2.10 所示。至于转场效果，如图 2.11 所示，我觉得也基本够用了。

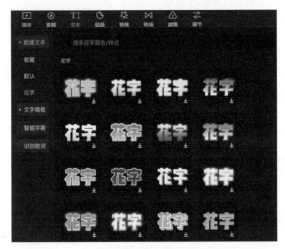

图 2.10　字幕样式

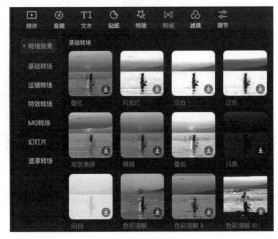

图 2.11　转场效果

对本节讨论的教学视频而言，主要目标是讲解和演示，剪辑好内容、做合理的标注是最重要的。至于那些动态蒙版、非线性变速等，用的机会不是很大，不需要过多关注。

2.1.4　方案成本

OBS 和剪映都是免费的，但是 mmhmm 要价不菲。mmhmm 标准会员价格是每个月 8.33 美元（1 美元 ≈ 6.89 元人民币），谈不上便宜。

但好消息是，教师或者学生可以获得长达一年的专业版功能免费优惠。用户在教育优惠相关页面填写信息并通过验证就可以使用 mmhmm 专业版功能了（注意需要填写学校邮箱），如图 2.12 所示。

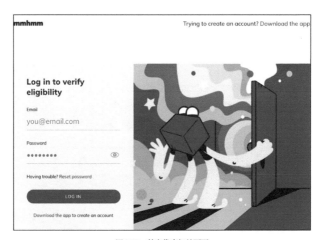

图 2.12　教育优惠相关页面

mmhmm 更加厚道的是，即便用户不申请优惠也不付钱，每天也可以使用会员功能 1 小时。如果用户每周只需要录制几段教学视频，那么基本上也够用了。每个 mmhmm 的新用户都可以免费试用 mmhmm 会员功能 7 天。

2.2　用 AI 免费抠除任意视频背景

大家对视频的背景兴许并不陌生。例如 AI 应用 RunwayML 可以把任何视频背景都变成绿幕，如图 2.13 所示。

图 2.13　视频背景变成绿幕

这样就可以把背景换成想要的样子——书房、图书馆、咖啡厅……甚至是太空。但是这个方法有些问题。一是需要手工进行微调（主要针对边缘未能正确识别的区域），二是价格比较贵。面对高价，难道我还是不得不每次都把绿幕（见图 2.14）弄上吗？

图 2.14 绿幕

好在我发现了另一款同样基于 AI 的应用 Background Matting。它可以变任意背景为绿幕，不需要手动进行边缘色块调整，而且还免费。在 Background Matting 的项目主页上，有一些实际效果的演示。实话实说，我感到很震惊。别说是人像边缘，就连快速抖动散乱头发的抠图它都做得堪称完美。

该应用的作者是一群来自华盛顿大学的研究者：

```
Project members


Shanchuan Lin*, University of Washington
Andrey Ryabtsev*, University of Washington
Soumyadip Sengupta, University of Washington
Brian Curless, University of Washington
Steve Seitz, University of Washington
Ira Kemelmacher-Shlizerman, University of Washington
```

对这个应用背后的技术细节感兴趣的读者，可以读读他们的论文 *Real-*

Time High-Resolution Background Matting[1]，如图 2.15 所示。

图 2.15　论文 *Real-Time High-Resolution Background Matting*

2.2.1　Background Matting 的使用

下面我们来说说这个应用怎么使用。尽管作者在项目主页上提供了源码和脚本样例，但是我觉得最好的使用方式，还是使用 Google Colab Notebook（它相当于给我们提供了一个功能强大、使用方便，而且免费的 GPU），如图 2.16 所示。

在 Google Colab Notebook 中打开 Background Matting 之后，大概界面如图 2.17 所示。

这个样例里包含的代码块一共只有 5 个，很简洁，而且前 2 个可以忽略。因为第一行是安装 gdown 软件包依赖。而实际上，这个软件包是 Google Colab 默认载入的，因此没有必要重新安装。至于第二个代码

1　论文下载链接是 https://arxiv.org/pdf/2012.07810.pdf。

块的两行，则是在使用应用自带样例的时候才需要。

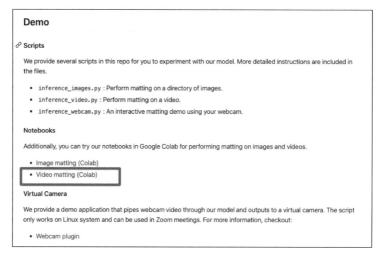

图 2.16　Google Colab Notebook

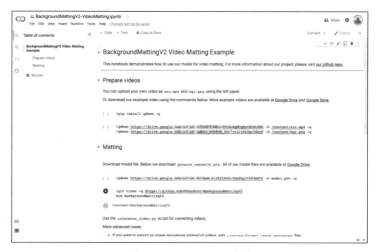

图 2.17　Background Matting 界面

你只需要在页面左侧的文件管理器中
单击上传图标，上传自己的视频文件
（src.mp4）和背景图片（bgr.png），
如图 2.18 所示，就可以了。

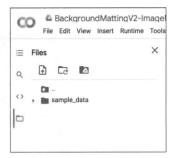

这里说明一下，需要自己上传背景图
片这一点现在还让人感觉麻烦。不过
我实际操作了一下，录像之后我随手

图 2.18　上传

拍了一张背景图，如图 2.19 所示，这样上传也可以，倒也不费什么事。
看了背景之后，你大概也明白我为什么非想要把它去除了吧。

图 2.19　背景图

越过前 2 个代码块，我们直接依次执行后面的 3 个[1]。执行过程需要稍
微等待一会儿，计算机要在云端进行运算处理。当处理结束时，可以在
output 目录下看到若干个文件。其中，com.mp4 是我们需要的，打开
以后的视频截图如图 2.20 所示。

1　如果读者对 Google Colab 的操作不是很熟悉，可以参考我写过的一篇文
章，文章链接是 https://sspai.com/post/52980。

图 2.20 消除背景后的视频截图

可以看到，前面的人像在动，边缘处理得非常妥帖。output 目录里还有几个其他视频文件，它们都是输出过程中的副产品。例如 Background Matting 也可以抠出前景动态轮廓，视频截图如图 2.21 所示。

图 2.21 前景动态轮廓的视频截图

我是用一个完整视频的前 10 秒进行测试的。现在测试成功了，于是我换上完整版视频。视频长度为 10 分钟左右，大约为 900MB。这次的处理就比较缓慢了，一个多小时才弄好。处理后的视频目录如图 2.22 所示。不过其实这里是可以优化提速的，对此下文有介绍。

```
!python inference_video.py \
    --model-type mattingrefine \
    --model-backbone resnet50 \
    --model-backbone-scale 0.25 \
    --model-refine-mode sampling \
    --model-refine-sample-pixels 80000 \
    --model-checkpoint "/content/model.pth" \
    --video-src "/content/src.mp4" \
    --video-bgr "/content/bgr.png" \
    --output-dir "/content/output/" \
    --output-type com fgr pha err ref
...    44% 13189/29826 [35:07<48:06,  5.76it/s]
```

图 2.22　处理后的视频目录

Google Colab 运行在云端，不需要消耗本机计算资源。用户不需要时刻把窗口开在前面，甚至可以中途盖上笔记本计算机，只需要保证窗口离线时间不要太久就好。我的经验是半小时左右开启看一次就好，如果已经离线，Google Colab 会自动尝试重新连接运行时（Runtime）。

2.2.2　Background Matting 使用建议

这里有几个关于 Background Matting 使用的小建议。

首先，当然可以直接把 900MB 的视频上传到 Google Colab 的文件工作区，但是上传会很慢。建议先把视频文件存储到 Google Drive 里，然后利用 gdown 命令下载到 Google Colab。从 Google Drive 下载到 Google Colab，比直接上传能快上 10 倍不止。我这里仿照 Notebook 默认样例，写下来的语句是这样的。

```
!gdown https://drive.google.com/uc?id=1AKmOVf3h8o-
BkATV6WZownknkDp6GZJH -O /content/bgr.png -q
```

其次是背景图片。尽管我是在同一地点用同一个手机进行的拍照，但是 iPhone 的设定导致视频的分辨率（1920 像素 ×1080 像素）和照片的分辨率不一致，这会引发报错。问题解决起来并不复杂。我找到了这样一个网站，叫作 aconverter，它可以免费在线转换图片的格式和分辨率，如图 2.23 所示。

这里我设定转成 PNG 格式，并且把新的分辨率强制设定为 1920 像素 ×1080 像素，运行的时候就没有再报错了。

图 2.23 aconverter 转换设置

最后，是我真正转换完毕才发现的问题，其实这在 Notebook 里有提示，即如果只需要转换结果，不需要副产品，则运行速度是可以提升的，如图 2.24 所示。

```
Use the inference_video.py script for converting videos.
More advanced cases:
  • If you want to export as image sequences instead of videos, add --output-format image_sequences flag.
  • If your video is handheld, add --preprocess-alignment flag.
  • Below script will output com composition, pha alpha, fgr foreground, err error prediction map, and ref refinement selection map. If
    you just want the final results, feel free to remove those outputs for faster conversion speed.
Note: The conversion script in python only uses CPU encoding/decoding and incurs additional cost for CPU-GPU data transfering. Therefore it is
not real-time.
```

图 2.24 运行速度可提升

我们需要做的，只是把最后一个代码块中的这一句：

```
--output-type com fgr pha err ref
```

改成：

```
--output-type com
```

就可以了。成功将视频背景转换为绿幕之后，我在 Unsplash 网站上面找到了一张没有版权的背景图片，如图 2.25 所示。

图 2.25　无版权背景图片

看着挺眼熟吧？没错，不少在线会议网站都用了这张背景图。最终合成效果的视频截图如图 2.26 所示。怎么样，这背景还挺像回事吧？

图 2.26　合成效果的视频截图

2.3 如何用卡片法高效做视频?

我这几年做了许多视频。但是实话实说,凡是复杂一些的视频,特别是技术类讲解展示,我在制作的时候总会感觉很焦虑。焦虑的原因,是我的表达欲和视频内容的成熟度不匹配。我最想表达的时刻,往往是第一次让计算机"跑"出来一个结果时。这时候,我特别想分享自己的成果和喜悦的心情。但是,一般这时候内容成熟度是不够的,例如前面的铺垫内容没有准备好,讲解的思路也没有理顺。怎么办呢? 我常采用的做法自然就是去查找和准备这些资料,直到胸有成竹,这样在讲解内容时才不会露怯。可等到内容成熟度足够了,时间往往已经过去许久,我也没有那么想展示自己做出来的成果了,因为兴奋感衰退了。很多有趣的内容因此淹没在了我的笔记里,而那些没有记录下来的内容也被丢弃在风中了。

2.3.1 Stable Diffusion 带来的灵感

在我开始尝试用 Stable Diffusion 进行 AI 绘图时,我的第一个感受是这款工具非常强大。举个例子,《九宫格写作法》这本书里有一段描写顾客尝过一碗汤后的评论:

> 汤底是炖了 3 天的猪骨浓汤,配菜是氽烫得恰到好处的豆芽菜,吃起来脆嫩爽口。桌子上放有店家推荐的柚子胡椒,只需撒上一点点,柚子那清新的酸味便会让你眼前一亮。

我好奇心大起,想看看这碗汤是什么样子,我决定用 Stable Diffusion 来画。首先需要把上面那段话翻译成英文,因为 Stable Diffusion 目前不认得中文。于是我写了下面的英文:

```
The soup base is pork bone soup stewed for 3 days, and the
side dish is bean sprouts boiled just right, which tastes
crispy and refreshing. On the table, there is Yuzu pepper
recommended by the store, just a little sprinkle, the fresh
sour taste of Yuzu will make you bright.
```

Stable Diffusion 经过 30 多秒，生成了两张图片，如图 2.27 所示。对比一下，你觉得哪一张更符合描述呢？

图 2.27　Stable Diffusion 生成的图片

这样的结果让我觉得很兴奋，当时就想分享出来。但是我是要分享，而不是炫耀。怎样才能让小伙伴们也用上 Stable Diffusion 呢？根据我尝试的经历，这个过程没有那么容易。因为你得进行申请，获得批准后还得了解怎么用才行[1]。

在视频里讲如何用 Stable Diffusion 需要包括很多琐碎的内容。一想到得切换场景，进行很多复杂过程的录制，我就头疼。要按照以前的工作流程，我基本上就放弃了。但是现在我找到了一个特别高效、省事而又令人愉快的视频制作方法——卡片法。

这里的卡片其实也是指内容最小单元，跟卡片法写文章不同的是，最小单元从一系列的文字变成了一段段视频。听起来这很容易操作，但是直接在本地计算机上操作其实是有问题的，因为存储需要占用空间。如果需要多个设备同步，还得进行云端上传和下载。一些简单的视频剪辑也需要打开 Final Cut Pro 或者剪映等工具，很是麻烦。但是这次，我突然想明白了，用云端录制工具就好。虽然这些工具的目的是让你无须下载视频就能保存和分享，但是完全可以下载下来二次利用。这里我用的是 Loom，但是完全可以采用"芦笋"等工具替代，效果都是差不多的。

2.3.2　Loom 录制视频卡片

Loom 录制的好处在于可以在当前任何工作界面直接调用，然后录制即上传，上传即分享，云端可剪辑，还能下载剪辑之后的视频，如图 2.28 所示。

有了这样方便的工具，我可以随时把新鲜出炉的 Stable Diffusion 绘制结果和点评录下来。如图 2.29 所示，单击红框里的剪辑按钮就能把多余的部分处理掉，这样剪辑的重担就不必全都压到最后了，进行"卡片综

1　这话的有效期截至 2022 年 8 月 17 日，我相信用不了多久，使用 Stable Diffusion 会变得非常简单。

合"的过程也能更加轻松愉悦。

图 2.28　Loom

图 2.29　剪辑按钮

另外，我不喜欢在实时操作中讲解涉及隐私的操作（例如输入用户名、密码，或者界面里有个人信息）。没关系，我们可以把关键步骤截屏下来，所有涉及隐私的地方预先进行马赛克处理，这比视频录制后再进行马赛克处理更加容易。

在哪里讲解这些图片呢？开启 Preview（预览），每张图片录一段视频？完全不需要。我目前发现处理这些零散资料视频录制最好的应用，还是mmhmm。可以在截屏或者复制图片后，将其复制粘贴到 mmhmm 里，然后我们就可以按照自己喜欢的顺序和节奏来介绍，如图 2.30 所示。

图 2.30　mmhmm 处理

依靠这样的方式，我在 Loom 里"积攒"了多张视频卡片，可以通过Library 功能总览，如图 2.31 所示。

图 2.31　视频卡片总览

注意：这些卡片录制完成后，我都立即进行了重命名，以便于后续识别。这一点很重要。卡片法的一个特点就是穿越时间，让我们可以和过去、未来的自己合作。如果满屏视频卡片的标题都是录制日期，那么我们在回顾和使用的时候就该抓狂了。有的视频卡片，我在录制完毕后就趁热打铁进行了剪辑；而有的视频卡片虽然也需要剪辑，但是用专业化工具更加高效（例如中间有磕绊或者停顿等），我就先不处理。当开头、结尾这些内容也录制完成，我知道总体的内容已经齐全了，然后我会把需要用到的视频一一下载下来，再用 Final Cut Pro 进行剪辑就可以了。

2.3.3　剪辑与发布

因为视频卡片都有标题，如图 2.32 所示，根据标题进行初步的逻辑次序调整很方便。

初步排布之后，时间线如图 2.33 所示。

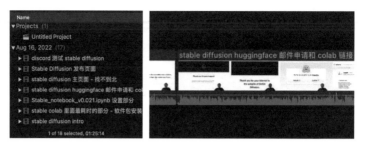

图 2.32 视频卡片标题与逻辑次序调整

图 2.33 时间线

如果你用卡片法写过文章，就不难理解卡片间会出现"缝隙"。例如两个视频片段之间可能缺乏合理的过渡；或者在剪辑过程中，因为删除部分过期内容造成了逻辑链条缺失。如果在以前，我总会重新补录一段，这样虽然稳妥，但会有一些麻烦。例如录制视频卡片是在上一周，现在衣着不同、背景也不同（尽管我在录制的时候做了背景虚化），合成后的视频很容易让人"跳戏"。现在，为了进一步降低视频制作成本，我干脆放弃这样做。我的新方法是直接插入一张图片，用 Final Cut Pro 的 Record voiceovers（录制画外音）功能，把要表达的内容对着麦克风直接说出来，就像图 2.34 中框选的部分，这样卡片之间过渡不合理的问题就解决了。

图 2.34　卡片之间的过渡部分

当然，还可以给插图加上一些动态效果，例如使用 Final Cut Pro 的 Ken Burns 效果（主要用于局部的放大、特写的表现等，以静态的图片制作出动态的效果），如图 2.35 所示。这是我最常用的一种镜头特效，通过指定开头和结尾展示的部分，中间就可以自动补充过渡。比起自己设定关键帧（key frames），使用 Ken Burns 省事很多。

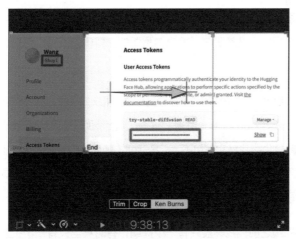

图 2.35　Ken Burns 效果

在 Final Cut Pro 剪辑完成后，就可以把初稿导出了。但是我一般不会选择直接发布这个版本，而是用剪映进行正式版的输出。使用剪映主要进行以下操作：

- 制作封面
- 声音降噪
- 添加字幕
- 调整比例（例如 3 : 4，便于手机竖屏输出）

2.4　如何用 AI 帮忙剪视频？

视频剪辑一直是让我比较头疼的事。我刚开始制作视频时，如果讲解中出现了磕绊，或者有些展示过程出现问题，我会停下来并重新录制。因为那时候的我不懂得剪辑的意义，觉得所有视频都是"一条过"的产物。后来我才明白过来：录制视频"一条过"的成本实在太高，甚至有些打消我的积极性。在经过若干次的尝试之后，我开始用上一节介绍的卡片法来录制视频。既然明白了剪辑的重要性，剪辑的工具也就引起了我的重视。

提到视频剪辑，一般用户可能会想到剪映，相对专业的用户还会用 Final Cut Pro 或者 LumaFusion 等。这些工具都很好，不过对于我来说，它们的大部分功能我其实都用不上，B-roll（辅助性镜头）之类的素材并不是我必须要考虑的事物。但是我真正需要的那些功能，上述工具却支持得不太好。

在录制视频之前，我一般只有一个提纲，有时甚至只有一个主题。所以在讲的时候，我很有可能中间会进入一个死胡同，在绕出来之前的视频都应该删除。然而等整体录制完成再去找这些视频片段会比较麻烦，所以我的剪辑目标是剪掉素材中的错误、口癖和过长的停顿，但是剪映或 Final Cut Pro 等工具在这些问题上难以给我有效的帮助。

2.4.1　从 Recut 到 AutoCut

后来，我看到了吕立青推荐的 Recut，试过之后发现真的是剪辑视频的利器。它的原理其实非常简单：找到那些声音长时间低于某一阈值的片段，然后删掉它，如图 2.36 所示，这样句子之间更加连贯。

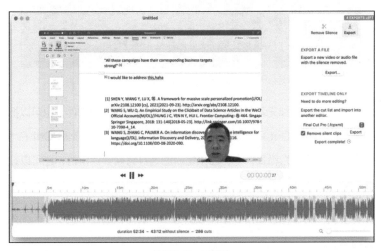

图 2.36　Recut 剪视频

我一开始对剪掉所有的无声片段颇有些不以为然，因为我头疼的主要是处理口癖和中间喝水的片段等。但是实际用起来我发现，这些片段出现的前后一般也会有无声片段出现，所以我可以根据自动切分的片段长度来寻找可能有问题的地方，如图 2.37 所示。很多时候，长时间流畅表达的部分一般都是没问题的；反之，反复出现无声片段意味着这一部分存在磕磕绊绊的情况，点开一听，确实可疑。这样一来，剪辑效率提高很多。

图 2.37　自动切分的片段

Recut 支持将剪掉无声片段之后的内容直接输出为视频文件，也可以把它输出为 Final Cut Pro 的 XML 项目文档。我觉得在 Final Cut Pro 里面进行精剪更为稳妥，这样如果切断的地方有需要保留的，还可以补回来。

Recut 虽然好，但还是没有解决我的另一个痛点：剪掉不想呈现的那部分内容。

每次剪辑，我还是要在 Final Cut Pro 里面从头到尾听一遍，当然，我一般会用 L 快捷键打开二倍速播放来提升效率。不过对于某些视频来说，可能听了半天才发现前面的内容有问题，于是还得重新回过头去找出来并剪掉。这样操作起来并不直观，效率明显还有提升空间。

看到这儿，你可能觉得我太贪心了。但是事实证明，工具确实还能进一步发挥作用。不过这次，就需要 AI 介入了。

这一款有意思的视频剪辑工具来自于李沐老师。李沐是亚马逊首席科学家，AI 框架 Apache MXNet 作者之一。他在 B 站开设了直播课程，教大家深度学习。

在 B 站做视频，李沐老师也经常面临视频剪辑的问题。根据他自己的介绍，每段视频里需要剪掉的部分还不少。久而久之，由于对现在市面上的工具不满，他干脆自己用 AI 做了一款工具——AutoCut。这款工具对应的 GitHub 项目页面如图 2.38 所示，项目地址是 https://github.com/mli/autocut。

图 2.38　AutoCut 项目页面

这种一言不合就自己开发工具的脾气，我特别欣赏。

2.4.2 如何使用AutoCut？

AutoCut 涉及的 AI 主要指 Whisper，它是 OpenAI 推出的一个模型，如图 2.39 所示，主要功能是将声音转写为文字。

图 2.39　Whisper 介绍页面

本节聚焦在 AutoCut，关于 Whisper 的具体细节就不展开了，感兴趣的读者可以通过少数派上的一篇文章进行了解[1]。

李沐老师开发的 AutoCut 的工作原理如下。

- 调用 Whisper 生成字幕。
- 用户可以编辑生成的字幕，按照文字来挑选内容，从而保留有用的部分，删除无用的部分。
- AutoCut 会根据保留的字幕内容和时间轴，剪辑对应的视频或者音频，形成单独的文件。

1　文章链接为 https://sspai.com/post/76899。

AutoCut 的工作原理并不复杂，下面来看一个实际的例子。

1. 实操案例

我用 iPhone 录制了一段讲"盗版软件为什么会没落"的视频，用 Airdrop（隔空投送）将其投送到计算机上，文件名为 IMG_6764.mov。我把这段素材存放在名为 2022-11-14-software-pirate 的目录中。

然后执行以下命令：

```
autocu -d /Users/wsy/Movies/2022-11-14-software-pirate/
```

这条命令可以让 AutoCut 监控指定的目录：如果目录下有视频文件，就进行处理；如果相关的文件发生变动，也会激发 AutoCut 进行后续的操作。此处略过对视频第一波处理的介绍，因为都是自动进行的。

用 Whisper 完成声音转文字后，这个目录里就自动生成了 3 个文本文件。其中一个是项目控制文件 autocut.md，如图 2.40 所示。这个文件主要用来合并多个视频。如果只有一个视频，就可以暂时不管它。

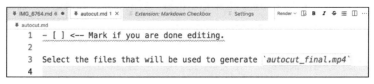

图 2.40 项目控制文件

一个是字幕文件 IMG_6764.srt。注意：AutoCut 默认使用的是 Whisper 的一个小型化（small）模型，这样处理速度更快，但是识别率相比完整模型要低。可以看到，字幕文件中第一句"盗版"写成了"倒板"，第二句"莫韦"显然应该是"末尾",如图2.41所示。不过这无伤大雅,不干扰后续识别。

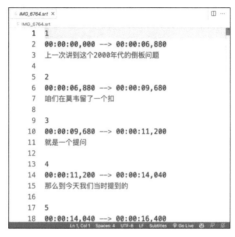

图2.41 字幕文件

另外一个文件是与字幕对应的 Markdown 文件 IMG_6764.md。建议使用 Visual Studio Code(VS Code)来打开这个文件。文件左侧是 Markdown 原始信息,每一行字幕文本之前都有一个选项框(checkbox)。一开始默认都是不勾选。如果你觉得哪一行的内容需要保留,只需要把 - [] 变成 - [x] 即可,如图2.42所示。

之后,就可以快速浏览字幕文本,把需要的内容摘取出来。

此时,剪辑视频从原本的面对视频变成了面对文本。如果面对视频,可能需要反复观看某一片段,才会发现其中的错误;但如果换成文本,几乎一眼就可以看出需要修改的地方,效率自然提高很多。这也是为什么有的人更喜欢看书而不是看视频——他们认为书的信息密度更高。

图 2.42　字幕勾选效果

不过，像这样一行接一行的修改标记还是有些麻烦。这就是为什么我们要用到 Visual Studio Code，它拥有丰富的插件系统，可以帮助我们轻松地批量"勾选"字幕。

2. 通过插件批量勾选字幕

我们需要在 Visual Studio Code 中搜索并安装 Markdown Checkbox 插件，如图 2.43 所示。

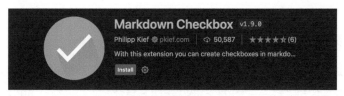

图 2.43　Markdown Checkbox 插件

安装完成后，还需要进行插件的简单设置——与图 2.44 设置一致即可。

图 2.44　插件的简单设置

在这个插件的帮助下，只需要选中文本中的若干行（只选一行当然也没问题），按快捷键 Shift + cmd + Enter 即可完成勾选，如图 2.45所示。

不过，大部分情况下，视频里需要保留的内容比需要删除的内容更多，把保留的句子都一一选出来听起来有点儿反直觉。其实也好办，可以把所有需要删除的句子先选定，然后全选文本，重新按快捷键 Shift + cmd + Enter，这相当于进行一次反选。

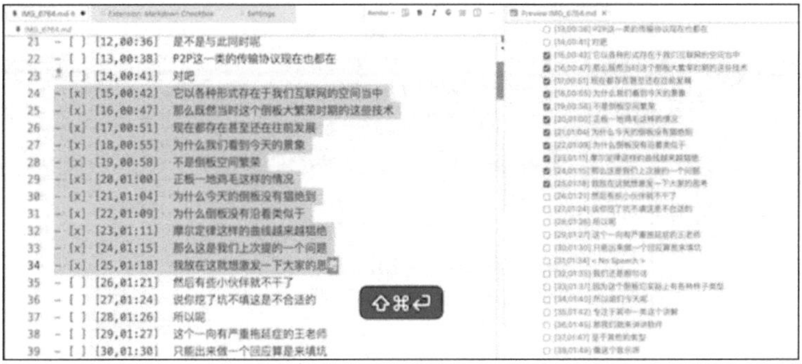

图 2.45　多行勾选

注意：修改完之后，一定不要忘记勾选该 Markdown 文件的第一行，如图 2.46 所示。这个标记用来提示 AutoCut 已经完成内容筛选，可以进行剪辑了。

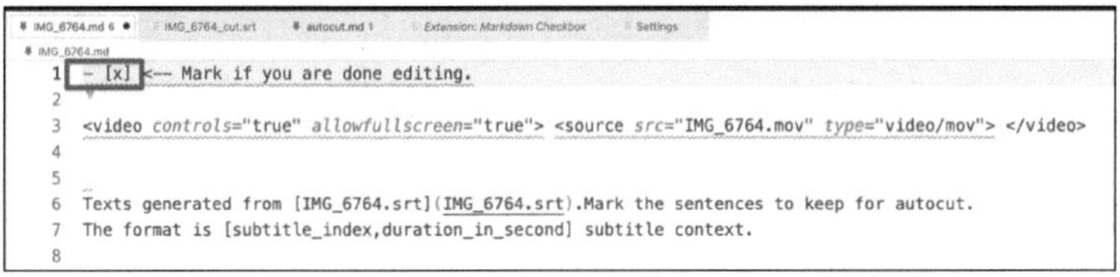

图 2.46　勾选第一行

AutoCut 剪辑完毕后会依照"原文件名 _cut"的命名规则，生成一个新的视频文件。在这个案例中，新的文件名为 IMG_6764_cut.mov 。除此之外，AutoCut 还会自动生成新的字幕文件，文件名为 IMG_6764_cut.srt。如此一来，剪辑好的视频和对应的字幕就一步到位了。不过 Whisper 对于中文识别的准确率还有待提升，可能需要在这里直接修改 srt 文件的内容来保证字幕的准确度，如图 2.47 所示。

```
  IMG_6764_cut.srt
   1
   2   00:00:00,000 --> 00:00:06,880
   3   上一次讲到这个2000年代的倒板问题
   4
   5   2
   6   00:00:06,880 --> 00:00:09,680
   7   咱们在莫韦留了一个扣
   8
   9   3
  10   00:00:09,680 --> 00:00:11,200
  11   就是一个提问
  12
  13   4
  14   00:00:11,200 --> 00:00:14,040
  15   那么到今天我们当时提到的
  16
  17   5
  18   00:00:14,040 --> 00:00:16,360
  19   像大家手里的存储
  20
```

图 2.47　修改 srt 文件的内容

3. AutoCut 存在的小问题

AutoCut 用 AI 做视频剪辑，效果怎么样呢？我觉得不错。至少视频里面大段讲废了的内容非常容易识别，并可以批量去除，这比人工看、听和剪辑视频要高效许多。

但是现在 AutoCut 还存在几个小问题。

首先是刚才已经提到的有些语句识别不准确。所以如果只看文本，可能无法知晓其原意。这个问题和 AutoCut 选择的模型有关系，可以选择更大的模型且最好有 GPU 支持。我使用的 MacBook（M1）只能调用 CPU 的功能，所以无法选择更大的模型。我处理的办法是对不知道是否保留的内容先保留下来，后续再进行精剪。

其次是调用 FFmpeg 剪辑的时候耗费的时间长。如果内容较长，

FFmpeg 剪辑起来需要用比较长的时间。之前我用过另一款名为 LosslessCut 的轻量级剪辑工具，它同样基于 FFmpeg，却可以做到瞬间剪辑完毕。我认为是 AutoCut 的 FFmpeg 设定存在问题，通过调整参数也许也可以做到更快速的剪辑。

最后是直接剪辑出来的视频有时候会出现莫名其妙的吞字。虽然这种情况不常见，但是只要出现一次就会让人很不舒服。毕竟剪掉内容容易，之后再调整就很难了。

我觉得最好的解决办法是让 AutoCut 可以像 Recut 一样直接选择生成 XML 项目文件，以便在 Final Cut Pro 或者其他视频剪辑工具里再做精剪。一来，这种方法省去了调用 FFmpeg 剪辑的时间；二来，如果发生错误吞字的情况，也可以在 Final Cut Pro 里通过简单拖曳找回来。关于这一点，已经有人给李沐老师提了建议，如图 2.48 所示。我也在后面表示了自己对这个提议的支持，希望这个功能可以早日实现。

图 2.48　网友建议

2.5　好用的免费视频云"瘦身"工具

用手机录制视频，一个 1080p、60 帧、时长 10 分钟的视频便大约有 1GB，不但本地占用空间太大，在上传到视频网站发布时也需要比较长的时间。我之前采用 FFmpeg 来对视频进行"瘦身"压缩，执行的语句如下：

```
ffmpeg -i input.mp4 -vcodec libx265 -crf 28 output.mp4
```

把视频编码改成 H265，并且设定质量水平（也就是语句中的 28），这样就相应调整了视频的大小。每个人对视频质量的要求不一样，所以如果对 28 这个参数生成的结果不满意，可以尝试改变数值来进行微调。

这种方法怎么样？其实也算能用，但是不够方便。尤其是它利用本地计算资源对视频编码进行转换，这一过程耗能挺高，有可能散热风扇会狂转，而且不能关闭终端窗口。

后来我发现这个问题有更好的解决方法，有一款可以利用的视频云"瘦身"工具——Youtube。将 1GB 的视频传上去，播放依然是 1080p，肉眼看不出质量上的明显差别。但是如果此时下载，大小却仅有 100MB

左右。这个过程你只需要付出一次上传的时间，然后都是云端在做工作，然后就可以在 Studio 里面单击下载来获得压缩之后的视频，如图 2.49 所示。

图 2.49 下载

压缩的视频在各种视频剪辑工具里面都能正常播放与编辑。更妙的是，这相当于免费给原始视频做了备份。2020 年，我整理教学视频的时候，发现许多原始视频因为各种原因丢失了。多亏了 Youtube 这个无水印、可下载的云平台，我可以把视频重新获取回来，避免了大量的重复劳动。如果你也开始尝试视频制作，而且对视频大小问题比较介意，那么不妨尝试一下这款工具。

第3章 AI 让写作更行云流水

2022 年下半年，软件圈的"玩具"有点儿多。其中，笔记软件有 Tana，浏览器有 Arc，Readwise 新出的一站式阅读器 Reader 也很不错。文字是信息传递的主要载休，在 AI 时代，或许我们能看到和文字阅读、处理、生产相关工作的生产力革命。

3.1 对着白纸文思枯竭？LEX 想用 AI 帮你算出第一段

我在 Jarod 的知识星球里看到一款在线编辑器——LEX。一进入 LEX 的界面，读了官方的介绍，我立刻就不淡定了，因为里面提到了 AI，如图 3.1 所示。同样作为实时协作工具，LEX 改进了很多我不喜欢的 Google 文档的小问题。

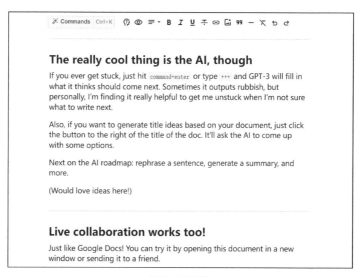

图 3.1　LEX 介绍

其实，哪里只是我一个人不淡定啊？*Building the Second Brain*（《构建第二大脑》）的作者 Tiago Forte（蒂亚戈·福特）说，他已经看到自己要失业的迹象了。原来，在他用 LEX 试写的一篇文章里，他自己只写了 5 个词，剩下的内容全是 AI 顺着往下创作的，如图 3.2 所示。

图 3.2　AI 创作的文章

对应的中文大致如下。

如何打造适合你的第二大脑

建立第二大脑不是说要有所有的答案。

这与建立一个用来寻找和综合最好的信息的系统有关，这样你就可以做出更好的决定。

建立第二大脑有很多不同的方法，重要的是找到一种适合你自己的方法。

当你锻炼自己的第二大脑时，需要记住以下几点。

1. 从小而简单的开始。你不需要一次追踪所有事情，从你生活中的几个关键领域开始，然后逐渐增加。

2. 保持一致。你越是始终如一，你的第二大脑就越有效。

3. 要灵活。没有唯一正确的做事方式。对尝试新事物持开放态度，并在进行过程中调整你的系统。

4. 让它成为你自己的。这是你的系统，所以让它为你工作。

5. 保持它的独立。这不是一场比赛，没有必要追踪一切或将自己与他人进行比较。

建立第二大脑需要时间和精力，但这是值得的。

通过拥有一个收集和综合信息的系统，你将能够做出更好的决定，更高效地工作，并为其他事情腾出空间。

至于建议类内容更是不在话下，有一位博主 Ali Abdaal（阿里·阿布达尔）上演了一出"恶作剧"：他用 LEX 创作了一篇有关"15 个效率技巧"的文章，然后拆成一串推文发了出来，结果成了自己反响最热烈的推文（在 YouTube 的 5 年里，我从观看者那里收到的最常见的问题是："你怎么这么高效？"因此这里给了 15 条可行的建议，它们能帮助我做更多重要的事情，而不会让我感到筋疲力尽。），如图 3.3 所示。事后他向大家公开了内容来源。

下面说说我自己的实际测试结果吧。图 3.4 中只有方框里的文字是我写的，后面的内容全都是 LEX 自动补全的。

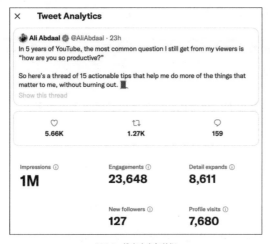

图 3.3　推文内容与数据

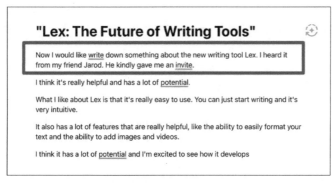

图 3.4　LEX 自动补全

文章的大概意思如下。

Lex: 写作工具的未来

现在我想写一些关于新的写作工具 Lex 的内容，我是从我的朋友 Jarod 那里听说的。他友好地邀请我（使用它）。

我认为这真的很有帮助，而且很有潜力。

我喜欢 Lex 的地方在于它真的很容易使用。你可以用它直接开始写作，它非常直观。

它还有很多非常有用的功能，比如可以轻松格式化文本，以及添加图片和视频。

我认为它有很大的潜力，我很高兴能看到它是如何发展的。

更厉害的是，根据这些内容，LEX 自动生成了若干标题。

1. "The potential of Lex: a writing tool for the future"（Lex 的潜力：未来的写作工具）

2. "What I like about Lex: an easy to use writing tool"（我喜欢 Lex 的地方：一款易于使用的写作工具）

3. "Lex: A writing tool with potential"（Lex：一款有潜力的写作工具）

4. "The features of Lex: a writing tool for the future"（Lex 的特点：面向未来的写作工具）

5. "The benefits of using Lex: a writing tool for the future"（使用 Lex 的好处：未来的书写工具）

LEX 基于 AI 文本生成引擎 GPT-3。其实，在 GPT-2 时代，AI 自动补全就已经大显神通了。GPT-3 的应用意味着写出来的东西更真假难辨。不过在之前，普通用户要用 GPT-3 还有一些障碍，例如需要获得 API（Application Programming Interface，应用程序接口）的使用权限，还得对每一次的调用付费。而 LEX 这类新兴在线工具则大大降低了门槛。目前，这款工具在测试阶段是免费的，官方说明 LEX 最终会有收费计划，但并未具体提供时间表和定价表。

LEX 还是一个在线编辑器，可直接打开，如图 3.5 所示，然后就能调用 GPT-3 帮忙写东西了。

图 3.5　直接打开 LEX

我当时就在想，以后英语写作课的作业可怎么判呢？不过中文写作还是得靠学生们自己努力哦！但很快我发现，自己又想多了。谁说 GPT-3 只认得英文？！它写起中文来也很流畅，如图 3.6 所示。

和前面写英文的截图一样，图 3.6 中只有方框里的字是我写的。不难看出，GPT-3 不但认得中文，而且写得还挺像样子。虽然里面出现了一些偏差（例如出现了"我是中国人，所以中文写作困难"这样的奇怪逻辑），但即便这样，也足够"以假乱真"了。

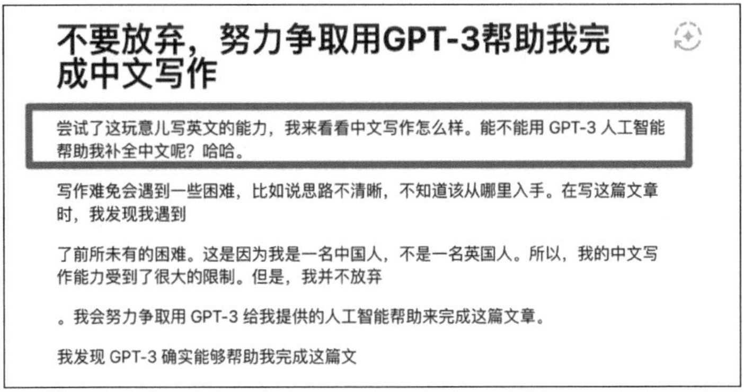
不要放弃，努力争取用GPT-3帮助我完成中文写作

尝试了这玩意儿写英文的能力，我来看看中文写作怎么样。能不能用 GPT-3 人工智能帮助我补全中文呢？哈哈。

写作难免会遇到一些困难，比如说思路不清晰，不知道该从哪里入手。在写这篇文章时，我发现我遇到

了前所未有的困难。这是因为我是一名中国人，不是一名英国人。所以，我的中文写作能力受到了很大的限制。但是，我并不放弃

。我会努力争取用 GPT-3 给我提供的人工智能帮助来完成这篇文章。

我发现 GPT-3 确实能够帮助我完成这篇文

图 3.6　创作中文

此处必须说明，作文训练还是需要学生自己亲力亲为，切不可“找捷径”。

那么，LEX 究竟有什么用处呢？

其实，根据开发者的说法，LEX 真正尝试解决的是被称作“头脑卡壳”（Writer’s block）的问题。这可以说是困扰所有创作者的顽疾——写作过程中（特别是写作伊始），我们可能突然会“卡壳”，绞尽脑汁也想不出一个字，也就是“文思枯竭”。这时，如果能让 AI 替我们迈出关键一步，往下写一段，虽然内容质量未必能让人满意，但是却可以给出一些有用的提示，或许能让我们迅速从困境中解脱出来。有的时候，只要捅破了这层窗户纸，后面的写作过程就会流畅许多，我们也能快速回到宝贵的“心流”状态。

LEX 还尝试解决的另一个问题是标题拟定。很多人写作的内容非常扎实，干货十足，但是因为标题拟不好，吸引力不足，从而使得“酒香也怕巷子深”，最终导致优秀的内容被埋没。因此，让 LEX 根据全文内容

尝试拟定一个好的标题，就显得弥足珍贵了。

在测试中，我是在基于 Chromium 浏览器内核的 Arc 浏览器里面使用 LEX，到目前为止，使用起来都是非常流畅的。LEX 还没有移动端应用，但支持小屏幕自适应，如图 3.7 所示，因此只要创建一个主屏幕书签，就可以随时打开 LEX 往里面写东西了。

我很喜欢这种流畅的写作感觉，特别是随时都有 AI 辅助，让我感到信心十足。

图 3.7　小屏幕自适应

3.2　为什么 LiquidText 重新回到了我的笔记系统？

对于经常需要读论文的高校师生来说，有一款好用的 PDF 阅读应用非常重要。市面上大部分应用的"读"功能基本上都够用，但是"写"功能的差别就非常大了。

LiquidText 是一款文本处理应用，可以帮助用户更有效地处理文本，更好地理解文本，更好地组织文本，更好地分析文本，以及更好地管理文本。

3.2.1　抛弃 LiquidText

2020 年 5 月，我在试用 LiquidText 之后，兴奋地写了一篇文章《如何用 LiquidText 高效阅读分析文献？》[1]。时常有读者留言或者后台私信问我与 LiquidText 使用相关的问题，包括新的特性、新支持的平台等。但是曾经我一度不知道如何回答这些问题，因为在2021年到2022年3月，我基本上就没怎么用过它。

是我在文章中介绍的那些功能言过其实，不再好用了吗？不是。我一直认为，LiquidText 在一众 PDF 阅读工具里特色最为鲜明，能给科研文献的阅读者带来最接近纸质阅读的体验。况且，LiquidText 在笔记管理和易用性上远超纸质阅读，如图 3.8 所示。

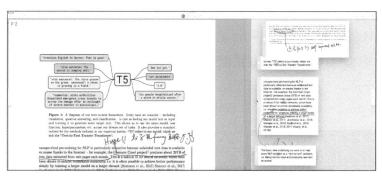

图 3.8　LiquidText 阅读器效果图

但是，那段时间它依然被我从自己的工具系统里移除出去了。

3.2.2　替代应用 MarginNote

遵循张玉新老师"重器轻用"的原则，我对笔记工具的选择有一条标准——能和其他工具配合。再扩展一点，这款工具不会把我限制在某一个设备上。最初 LiquidText 的笔记导出基于 Word 或者 PDF，如图 3.9 所示。

1　文章链接为 https://sspai.com/post/60735。

图 3.9　LiquidText 的笔记导出

这些笔记只能作为文本复制出来。如果需要寻找相应的上下文，还得手动到文章中找到对应的页码。而我已经习惯了深度链接（deep link）和 Hook[1] 挂钩所带来的便利，这种一单击就能回到原始文档上下文的功能，让人用了就回不去。

所以我选择了替代应用 MarginNote。不过，MarginNote 的笔记体验比起 LiquidText 差得实在有些远，而 MarginNote 的思维导图等高级功能我又用不上。所以我觉得 MarginNote 很鸡肋。

3.2.3　LiquidText 的新功能

2022 年 3 月，一个偶然的机会，我在查看邮箱的时候，从诸多邮件列表的信息中看到了 LiquidText 的新功能，如图 3.10 所示。

1　Hook 是 macOS 系统级双向链接工具。关于 Hook 的使用我写过一篇文章《Hook：如何高效双向链接不同类型的信息资源？》。

图 3.10　LiquidText 的新功能

图 3.10 中的内容简单概括来说就是，LiquidText 发布重大更新，将推出新的实时云服务，包括实时同步、云备份等。紧接着 LiquidText 又发布了 4 个主要功能升级，包括 OCR（光学字符识别）和文献管理器整合。

仔细查看后，我果断把它加回了我的工具系统中。在没使用 LiquidText 的一年多里，它增加了 3 个主要的新功能，分别是跨设备实时同步、文献管理器整合及深度链接。下面一一介绍。

首先是跨设备实时同步。我最初用 LiquidText 的时候，只有 iPad 版本，后来主流桌面平台也都支持了。

但我对于 LiquidText 跨设备同步这件事没抱太大希望。因为只要涉及跨

设备，哪怕是用苹果的 iCloud，数据同步也总是有问题。用 Ulysses
（一款写作应用，支持各种格式的写作和导出）是这样，后来用
DEVONthink 也是如此，各种错误莫名其妙，有时甚至还有版本冲突。
中途替换选择的 MarginNote 最让人烦恼的依然是同步问题。

对我们普通用户而言，即时同步功能的缺失让人用起来不愉快，更不踏
实。而我没有想到，LiquidText LIVE 目前跨设备实时同步的速度可以
用"飞快"来形容。LiquidText 官方在 2021 年 9 月发布的视频中展示
了这一点。

因为 LiquidText 的跨设备实时同步还包括了 Windows 版本，所以我猜
测用的不是 iCloud。这时的即时同步不再"拉胯"（网络用语、方言，指
"掉链子""表现差"），真的就可以做到在 iPad 上面用 Apple Pencil 写
写画画，然后在其他系统里立即接续操作。桌面设备的大屏幕和平板设
备的移动性有机结合在了一起。

其次，是 LiquidText 和 Zotero（一款文献管理器）的整合。LiquidText
其实还给了一个和 Mendeley 整合的选项，但是我目前主用的文献管理
器只是 Zotero。因为 Roam Research 和 Research Rabbit 等工
具目前首选支持 Zotero。Zotero 用一个文献库就可以同时和多种工
具沟通，这就是典型的网络优势。第一次在 LiquidText 中打开 Zotero
文档，需要进行连接设置，方法是一步步单击默认选项。之后每次连接
Zotero，都只需单击一下按钮就好，如图 3.11 所示。

选择某篇文献，单击右上角的"Import"，就可以将 Zotero 中的 PDF
文档读入 LiquidText，如图 3.12 所示。

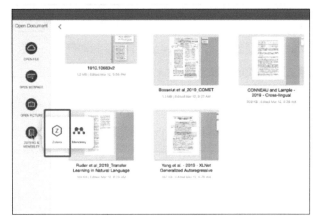

图 3.11　连接 Zotero

图 3.12　将 Zotero 中的 PDF 读入 LiquidText

在 LiquidText 中的一切操作都和普通 PDF 阅读器中一样。只是在阅读和标注完成并退出时，LiquidText 会提示文档已经发生了修改，询问是否需要同步到 Zotero，如图 3.13 所示。选择"Send"就可以了。

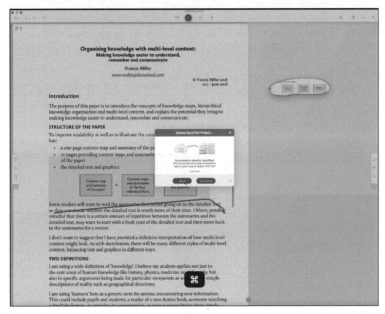

图 3.13　同步到 Zotero

在 Zotero 里打开这个文献，会发现 LiquidText 里做的标注都已同步过来，如图 3.14 所示。这样只需一次标注，就处处可以调用了。对于科研工作者和高校师生来说，这个功能非常贴心。

最后，也是最让我欣喜的一个功能——深度链接。在 LiquidText 里选中某则笔记后，可以选择"Copy Link"获得深度链接，如图 3.15 所示。

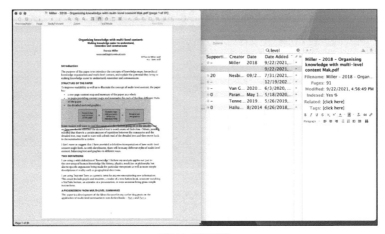

图 3.14　标注已同步

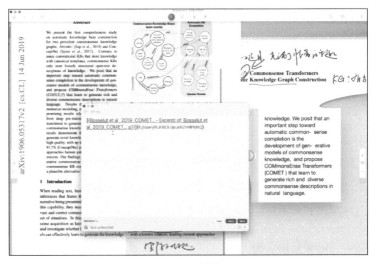

图 3.15　深度链接

在 macOS 上的操作则更加简单，直接按快捷键 Shift+cmd+C 就可以复制。复制出来的深度链接是 Markdown 格式，格式示例如下：

```
[(1910.10683v2 - Excerpt of: 1910.10683v2, p1)](lt://open/
7EBcK2c960mM7FQFPdwxcg)
```

在其他应用里，只要点开这个链接，LiquidText 将立即开启并定位到对应文档中的精确位置，实现深度跳转，从而方便查看上下文。

LiquidText 是跨设备的。这就意味着对于同样一个链接，macOS 里能跳转，iPad 上也能跳转，我们再也不必被束缚在某个平台或某台设备上。如图 3.16 所示，深度链接功能是 2022 年 3 月才发布的，正是因为这个特性，我当时就决定把 LiquidText 加回到工具系统中。

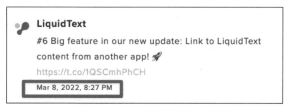

图 3.16　深度链接功能

而且因为深度链接功能的加入，Hook（macOS 系统级双向链接工具）用户也在呼吁将 LiquidText 纳入支持列表。

Hook 的开发者 Luc（路克）秉持的理念是，打破应用间的孤岛状态，通过深度链接相互连通，让用户把各种不同类型的信息资源深度整合。目前很多软件开发者都积极表态支持这一理念。希望增加了深度链接的 LiquidText，也能早日加入进来。

3.2.4　成本

LiquidText 推出的这些新功能并不是免费的，要想支持跨设备实时同步，以及文献管理器整合，需要订阅 LiquidText LIVE 功能，如图 3.17 所示。

图 3.17　订阅 LiquidText Live

而深度链接功能，只需要一次性买断 LiquidText Pro 版（专业版）就好。但如果没有跨设备实时同步，那么在一台设备上做的深度链接只能在该设备上正常跳转，灵活性会受到非常大的限制，因此我只好付费订阅了 LiquidText LIVE 功能。

3.3　AI 自动寻找关联卡片笔记

3.3.1　卡片太多带来的问题

"卡片笔记写作法"用久之后，总会遇到一个问题，就是卡片太多。

这一方面是个效率问题。如果想把卡片笔记当成严肃的工具，那么底层就得用数据库来组织信息，而非文件系统。知识管理工具 Logseq 目前正在做这种迁移。在卡片少的时候，这二者（指数据库和文件系统）的效率看不出差别，甚至文件系统因为组织方式直观而显得更加友好。但是卡片数量到了 10 万级别的时候，二者的效率差别就会很显著。如果效率不达标，随便查找个东西，都能感受到"卡"。以我个人的 Roam Research 数据统计为例，虽然"Pages"（页面）数量只有 1 万多，但是别忘了 Roam Research 下的真正卡片是按"Text Blocks"（文本块）来计算的，如图 3.18 所示。

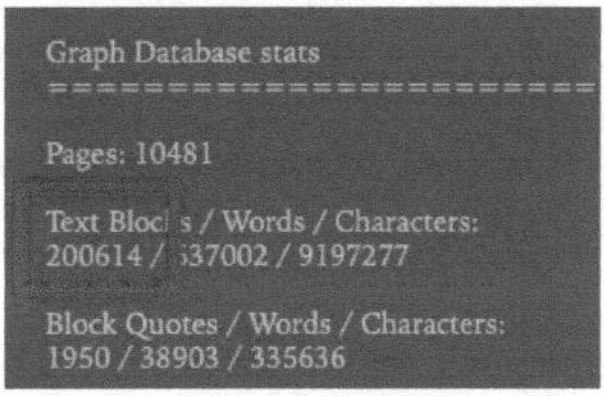

Roam Research 里 Pages 的真正含义是什么呢？我觉得是"盒子"——卡片盒。虽然卡片盒不是物理意义上有固定形态的盒子，但它确实是承载卡片的

图 3.18　卡片单位

容器。在 Roam Research 中，如果链接都在页面层级，而不是文本块引用，那么其实并没有发挥出它"细粒度"的特性。

另一方面，更要命的是当卡片数量过大时，我们会忘记自己曾经记过某些东西。

"合桃派"团队曾邀请医学博士 Lan 分享自己的块引用实践。她结合 Cite to write（边写边引用）和 Roam Untangled（漫游整理）的方法，利用块引用自底向上构造"问题"，然后用"问题"的块引用来组织论文。她的第一篇综述论文靠着双链笔记工具的加持，超预期快速完成，且已被录用。Lan 这种学以致用的精神，很值得钦佩。

在讨论环节，我问了她一个问题——若是很久前（一两年前）记录的卡片，我们忘记了内容怎么办？新的笔记若与之相关，怎么回忆、识别并且链接呢？Lan 博士回答，她依靠头脑人工记忆完成链接。这个回答很实在。对于她来说，记忆这些卡片没有什么负担。但我们在考察知识管

理系统时，不能以个案的主观感受作为依据。在 Ian 博士的这个系统中，头脑所承载的不仅仅是思考的功能，还包括了跨越时间的记忆。这样，"第二大脑"就必须靠着"第一大脑"的协助才能正常工作。对于部分人，尤其是我这样的"懒人"来说，这个负担就有些繁重了。

很多人曾经提过，长期笔记（permanent note）一定要精选。笔记盒里不应该放太多内容，否则会变成噪声。原因之一恐怕也是记多了笔记，如果头脑回忆不起来某条笔记，相应的卡片就会"沉底"了，白费功夫。可是笔记真的是"少而精"，便于头脑记忆才好吗？这恐怕就是"削足适履"了。我请教过《卡片笔记写作法》一书的作者 Sonke Ahrens（申克·阿伦斯），他说笔记不应该面向项目，否则就失去了卢曼卡片盒的独特价值。一则灵感笔记可能对当前的项目没有用处，但是它在将来的某个项目中可能成为重要的一环。所以我们不应该设置这样一个"是否符合当前项目需求"的门槛。

我们一直啧啧称奇的"知识复利"其实都来自于这种卡片规模与网络链接的复杂性，所以"少记笔记"肯定不是一种好的解决办法。那糟糕了，卡片笔记记少了不管用，记多了会忘掉。这可怎么办呢？

就着这个问题我和合桃派的吴刚老师聊了聊。他提到《卡片笔记写作法》中最大的一个缺失，就是有一个默认的回顾过程。如果不进行定期回顾，基本上就会忘记之前记录的内容，无法把久远的笔记与新的笔记有效链接起来。可是申克·阿伦斯似乎内化了这种回顾方式，并没有特别强调。

岂止是没有特别强调，申克·阿伦斯在文中直接提出，他不认同 Anki（一款知识记忆工具）间隔记忆的方式。关于申克·阿伦斯对 Anki 持有负面看法这个事儿，我问过《卡片笔记写作法》的译者陈琳。他觉得对于卡片笔记来说，类似 Anki 的回顾是很必要的。虽然他在翻译的时候忠于原作，但是对书中关于 Anki 的评价并不认同。

吴刚老师在尝试把 Supermemo 这样的 SRS（Spaced Repetition System，间隔记忆系统）融入卡片的记录与回顾中，帮助大家形成回顾笔记的习惯，让卡片笔记系统得以正常运转。吴刚老师说，一旦形成了习惯，大多数人遇到的很多问题（例如写作障碍、拖延症）都能迎刃而解。关键是要扫清障碍，尽早迈出第一步。吴刚老师所做的是潜移默化帮助我们构建习惯，而我则希望更进一步，让我们不必做出改变，也能把"偷懒"进行到底。

3.3.2　DEVONthink 的使用

有没有成本更低的方法来解决久远卡片笔记的回顾和链接问题呢？这个当然可以有，因为我们有 AI。

创作不是一场考试，我们应该把所有能开的"外挂"都打开。让机器帮忙寻找相关的自然语言内容其实并不是什么新功能，DEVONthink 就有。

我第一次知道 DEVONthink，就是看到了万维钢老师的这段文字：

人脑发挥创造力最重要的一个手段，就是把两个不同的想法连接起来。这个连接越是意想不到，创造出来的东西可能就越有意思。想要让想法连接，你得先拥有很多想法才行，而现在你可以把想法寄存在一个外部工具里，让计算机帮你建立连接！DEVONthink 能用更复杂的算法提供更多的相关内容，而且还有量化的相关度评估。

不过 DEVONthink 更善于英文的相关度评估。在中文处理能力上，尽管

3.x 版本已经有了显著提升，但还有待改进。我于是就想，把 DEVONthink 的文本近似度计算直接迁移到 Roam Research 上不就好了？

目标有了，解决起来其实非常简单。这几年，我一直在跟 AI 打交道，对其进行研究。

在自然语言处理领域，Transformer 模型越来越强大，我们个人使用就如同杀鸡用牛刀。GPT-3 这种规模的模型太贵，我直接拿一个几年前的 BERT 基础模型就把文本近似度计算的事解决了。方法很简单，BERT 可以"吃"进文本，"吐"出一串数字（向量）来表示它。我们只需要对比两串数字的近似程度，就能判断两个输入文本之间的相关度。

用 BERT 的好处主要有以下两个：第一，见多识广，在训练 BERT 的时候工作人员采用了大量的语料，因此它认得大部分通用词汇；第二，无须预处理，分词、停用词查表、语序、词性……全都不需要用户考虑，简单粗暴。

靠着这两个好处，我写出来的程序短小精悍。为了把工具的不对称优势进行到底，我顺带还用 Streamlit（一个专门针对机器学习和数据科学团队的应用开发框架）做了个Web应用[1]。运行之后的基本界面如图3.19所示。

可以把最新的一则笔记放到最上方的文本输入栏里，然后在下面 3 个输入框中提供一些搜寻范围。第一个输入框是标签的白名单。假如你喜欢把长期笔记都叫作 #evergreen，那么就可以把这个标记放到其中。我不喜欢 #evergreen，因为太长，懒得敲那么多字儿，于是我用了 #zk 。

---

1 体验该应用可访问 https://wshuyi-demo-releated-note-recommenda-note-recommendation-ryta4d.streamlit.app/。

我这里包含的默认标签列表都是依照自己的使用习惯设置的，用逗号分隔。其中甚至包括一些 Readwise 自动导入的 Highlights（高亮）和 Cubox（一款跨平台的网络收藏工具）链接。这样一来，即便当初高亮的时候你没有做任何批注和回顾，它依然会因为高相似度关联过来。这样再也不用漫无目的地回顾所有笔记，而是以"输入新的笔记内容"作为触发，唤起对应的久远记忆。

图 3.19　应用运行后的界面

第二个输入框是标签的黑名单。我平时把日记都放在 Roam Research里，我不希望检索这些内容，直接通过标签排除掉它们即可。

第三个输入框是主动检索的关键词。如果需要扩大搜寻范围，而不局限上述标签涵盖的内容时，就可以用这些关键词伸出"钩子"，把全库中包含这个关键词的所有笔记（块）都"捞进来"一起分析。在这个例子里，我选择默认的方式，不扩展关键词。好了，单击"Start"按钮开始执行。

因为调用 BERT 模型还是需要一些时间的，所以程序首先分析并且提示这一轮新加入了多少条笔记作为候选，如图 3.20 所示。

如果看到数字过大，可能需要考虑重新调整过滤器的设置。不然为了看到结果，可能得等上一段时间。确认要执行，单击"Just do it"按钮即可。

有近 50 条新内容加入，分析过程大概持续 30 秒。注意这个应用有缓存机制。这一轮已经分析过的卡片内容，在下次分析的时候就不需要额外花时间调用 BERT 处理了。换句话说，用得越久，这个应用执行速度就越快。

图 3.20　候选笔记数量

结果是一个字典，如图 3.21 所示。在这个字典里，Roam Research 里面的 block id 作为键（key），而取值（value）是对应的文本块内容。

图 3.21　结果

从结果来看，筛选出来的内容相关度挺高。这个应用并非直接帮助建立链接，而是寻找一些候选卡片，并由用户自行决定是否链接起来。链接方法很简单，因为有了 block id，直接复制过来加两个括号（例如本例中((71qLjxnbS))）就建立块链接了。这样保证了笔记之间细粒度的关联性。

可见，该应用基于 BERT 语义近似度的计算，确实能够根据输入文本的特征"回忆"不同类别的卡片内容。注意这里分析的对象并非直接调取自 Roam Research 数据库。每隔 1 小时，GitHub Actions 会自动更新导出 Roam JSON 文件，如图 3.22 所示。我就是用这个一直更新的 JSON 文件做分析。

图 3.22　自动更新导出 Roam JSON 文件

为什么不直接分析 Roam Research 数据库呢？因为没必要。我每天重度使用 Roam Research，这个数据库本身就是不断变化的，读取的时候需要考虑太多细节。而静态 JSON 文件分析起来要简单很多。这样分析静态的内容会不会有功能欠缺？我觉得不会。因为你要关联的是时间上的久远记录，是你大概率已经忘掉的部分卡片，而 1 小时以内写的东西暂时不会忘记。

Roam Research 只考虑文本的语义相似度，而图数据库的真实威力还远远没有发挥出来。下一步应该加上块引用构成的网状结构，做图机器学习（Graph Machine Learning）。但是，相对于人工强制性定期回顾卡片，这种基于自然语言处理模型的自动化辅助方式已经往前迈进了一大步。

讲到这里，有人可能会说，"机器准确度不到百分之百，只能做个参考""关键还得看人的能力"等。也有人认为"工具无用"，说最重要的是头脑，而不是方法，更不是工具。这些话我同意一半。这一半，就是头脑的重要性。可上天并没有给每一个人相同的智商。另外，工具并非没有用，近视的人可以通过戴眼镜来矫正视力，不会口算的收银员也可以用计算器来得出正确结果。

进行知识创造不是为了获得勋章，而是为了满足好奇心，为了把世界变得更美好一点。工具如果能让我效率更高，我就充分使用，不需要有丝毫的负罪感。只是注意要"以物养己"，而不要"以物役己"。

第 4 章
AI 用在科研上会怎么样？

古代航海可以用指南针，现代开车也有导航。同样，在科研的世界里漫游，我们也可以借助一些更为有效的工具，减少大量的无用功。

4.1 用 AI 帮忙读论文

有了大规模自然语言处理模型的辅助，我们阅读论文时如果遇到不认识的名词或者无法理解作者的简单解释，就有了一种新的对策。具体的方法就是让 AI 替我们阅读后，把内容综合整理，结合上下文转换成简单清晰的语言再反馈给我们。

这个想法其实并不新鲜了，翻看近几年自然语言处理领域的论文，就能看到不少相关的研究。只不过那些研究成果只存在论文中，或者在某个实验室的计算机里，普通人根本无法接触，更不要说利用了。

但是，居然有人真的做了个产品出来，这个可用的应用叫作 Explainpaper，如图 4.1 所示，非常直白。

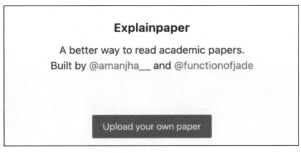

图 4.1　Explainpaper

Explainpaper 使用起来也特别方便。用户不需要去菜单里面点选寻找，只需要把论文传上去，高亮某一个词语、短语或者段落，Explainpaper 就会自动解读，如图 4.2 所示。

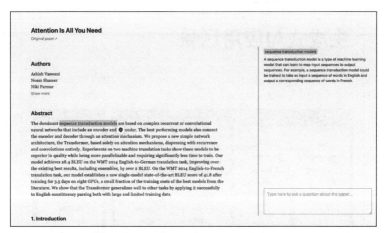

图 4.2 自动解读

不仅如此,用户还可以就着 AI 反馈的结果继续追问。

那么,这一应用背后的技术是什么? 当然还是咱们的"老熟人"——GPT-3,其实 GPT-3 模型的特点就是大。因为模型庞大、参数众多,所以 GPT-3 从海量语料库里积攒的"认知"就多(注意我在这里刻意回避了"知识"这个词)。在现在的文本和代码生成工具中,GPT-3 都占据了重要位置,如图 4.3 所示。

有读者问 Explainpaper 能不能理解中文论文呢?

这是个很好的问题。毕竟国内人文社科方向研究生平时阅读的论文很多是中文的。我一开始觉得这个问题问得有些太贪心了,对于一个刚上线的应用,指望其立即支持中文,还能看懂中文的研究论文,不大现实吧?

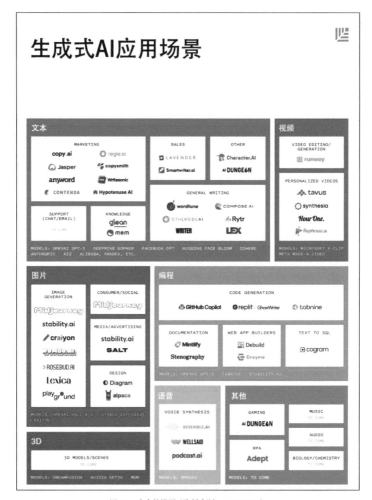

图 4.3 庞大的模型（资料来源：t.ly/cYlkn）

刚要回复，我突然想起既然 Explainpaper 的底层模型是 GPT-3，那它本来就认得中文啊！为了确保回答准确，还是实际测试一下吧。我传了一篇自己的论文上去，如图 4.4 所示。

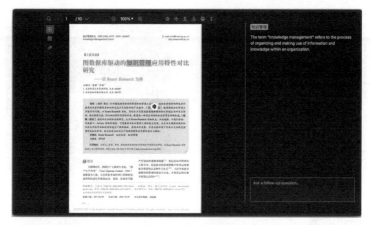

图 4.4　上传中文论文

中文选取、高亮某个词之后，AI 反馈的结果让我有些吃惊。尽管 Explainpaper 并不能直接用中文来解释信息，但它可以立即识别出"知识管理"就是 knowledge management，然后进一步解释下去。

下面这段关于"扩展程序"的解释就更有意思了，如图 4.5 所示。它先解释普遍意义上的"扩展程序"是什么，然后结合本文的上下文，指出 Roam Toolkit 是一种扩展程序，并且描述了它的功能。

图 4.5　对"扩展程序"的解释

不仅如此，从图 4.6 可以看出，就连选取的时候字符之间出现的空格间隔，Explainpaper 也依然能正常识别和解释。

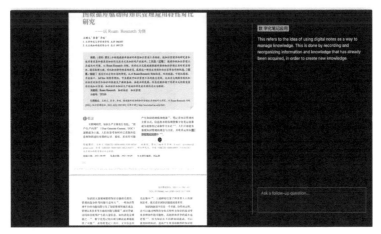

图 4.6　空格间隔不影响识别和解释

然后，我故意找了个文中没有进行详细解释的词语"概念网络"，
Explainpaper 给出的解释如图 4.7 所示。我能确定，这解释里面出现的
"pets""animals""dogs"等，肯定没在文章的正文出现过。

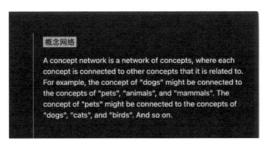

图 4.7　对"概念网络"的解释

关于"Evernote"的识别与解释如图 4.8 所示，这让我很震惊。
Explainpaper 居然准确识别了这张表格，并且把内容进行总结梳理，然
后用英文输出。

图 4.8　对 "Evernote" 的识别与解释

上述演示是不是回答了读者的问题呢？我觉得算不上。从需求分析来看，读者在中文论文中遇到不清楚含义的术语，自然是需要中文的解释，但 Explainpaper 用英文进行解释，这就比较麻烦了。可换个角度想想，这个应用用来帮助外国人阅读中文论文是再好不过了，遇到中文专业词汇，外国人随时可以获得准确的英文解释，而且阐述还贴合论文的上下文，这将减少外国人读中文论文的很多障碍。另外，目前 Explainpaper 缺乏中文解释能力，也给国内的开发者提供了发展空间。希望早日看到更多 AI 的实际应用上线，帮助我们理解中文论文。

4.2　基于 GPT-3 的 GALACTICA

有一款基于 GPT-3 的 AI 应用——GALACTICA，如图 4.9 所示，吸引了我的关注。

图 4.9　GALACTICA

GALACTICA 官网有一段视频演示了它都能做什么，这里简单展示一下。假如输入"literature review on self-supervised learning"（给自监督学习做个文献综述），然后会发生什么呢？得到的结果如图 4.10 所示。你没看错，这篇包含了章节架构、参考文献和引用列表的文章，就是 GALACTICA 生成的。

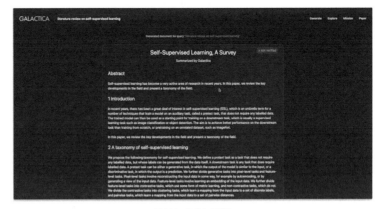

图 4.10　生成文献综述

可以再出一道题目："wiki article on Multi-Head Attention"（关于多头注意力的维基百科）。然后会得到图 4.11 所示的结果，有文字，有公式，还有应用举例和参考文献。

当然了，假设论文里出现了某个用户不懂的概念，用户也可以直接问 GALACTICA。例如，"What is the notch signaling pathway?"（缺口信号通路是什么？），它给出的结果如图 4.12 所示。

还可以输入数学公式，让 GALACTICA 用英语简明解释。或者，干脆让它把公式变成 Python 代码，如图 4.13 所示。当然了，从代码到公式也是可以的。

图 4.11　关于多头注意力的维基百科

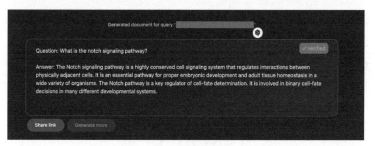

图 4.12　概念解释

图 4.13　公式变 Python 代码

假设想引用某篇文献，生成的结果如图 4.14 所示。

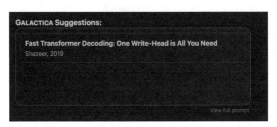

图 4.14　引用文献

你是不是已经跃跃欲试了？目前有两种方法可以使用 GALACTICA。
一种是到官网修改这些演示输入内容，然后等待结果获取。问题是现
在 GALACTICA 太火了，排队的人不少。另一种是直接调用它的模型，
自己来运行相关功能。你可以查看对应的 GitHub 项目[1]，了解使用方法，
如图 4.15 所示。

图 4.15　GALACTICA 的 GitHub 项目介绍

值得注意的是，GALACTICA 模型的参数可以有很多，如图 4.16 所示。

1　项目地址为 https://github.com/paperswithcode/galai。

图中的 M 表示 million（百万），B 表示 billion（十亿）。

There are five GALACTICA models available which we detail below:

Size	Parameters
mini	125 M
base	1.3 B
standard	6.7 B
large	30 B
huge	120 B

图 4.16　模型参数

其中最大的模型包含了 1200 亿个参数，所以本地运行时对设备的要求很高。建议可以用 mini 版本先测试一下，但效果肯定会打折扣。

需要注意的是，即使用了最大的模型，也不要全信其结果，就如同我们对 Explainpaper 的态度一样。我们欢迎 AI 给我们提供启发，提升我们的工作效率，但是我们不能让它替我们去思考和工作。

这个应用引发了我的思考。如果以 Stable Diffusion 为代表的绘画模型可以给普通人赋能，让我们用自然语言表达图像，那么 GALACTICA 呢？

4.3　用 AI 高效寻找研究选题

4.3.1　读文献的痛苦

对我们来说，读文献，特别是读自己感兴趣的文献，可能是件非常令人愉悦而激动的事儿。例如我到北得克萨斯州大学（University of North Texas，UNT）访学时，同一个实验室的一位博士时常一边读最新的顶会论文，一边赞叹。读到开心之处，他会高声喊出来，还兴奋地把我拉过去一起看。我觉得他把信息检索论文读出了《冰与火之歌》的意境。

但是论及阅读海量文献，并试图从中寻找自己的研究选题时，可能就没有那么轻松愉悦了。原因大家都清楚——论文太多了，而且更新速度极快。即便是水平顶尖的学者，也不敢夸下海口说自己读过本领域内全部的重要文献。因为就在你说话的这几分钟里，可能又有（不止一篇）新的论文发表了，里面兴许就包括重要的新观点和新发现。

于是这就构成了个显著的矛盾：余生也有涯，而论文无涯。

可是，不充分全面地了解自己领域的发展，又怎么寻找和验证自己的选题呢？你兴冲冲地给别人展示自己的新发明，比如一种有效降低界面摩擦、提升运输效率的装置，然后别人一脸狐疑：这东西不是叫作轮子吗？

对于科研新手来说，通过研读论文来寻找选题，还体现了必要的科研训练。新手在"选择读哪些论文"这个问题上没有经验，整体过程可能要经历很多挫折和弯路。有的学生自己不愿意耗费时间，干脆把这个问题推给导师——"老师，您给我布置一个论文阅读列表吧。"

如果导师对你的研究方向熟悉，这件事还好说。可如果不巧，你的研究方向是导师尚未进入的新领域，那么这件事他能提供的帮助就很有限。这么多的新论文，他也没有都读过，又怎么去分辨其中哪些论文更有价值呢？最终，你还是得自己去一片迷雾中不断探索。这中间，你可能会遗漏很多重要的成果，甚至走错了方向。

4.3.2　AI 科研辅助工具 Elicit

这里推荐的 AI 科研辅助工具叫作 Elicit。2021 年 10 月 20 日，我刚发现它时，就做了一个视频来归纳当时 Elicit 提供的几个主要功能。

- 文献推荐。给定选题后可以推荐文献，同时还给出论断（claim）。
- 头脑风暴。给出一个话题，AI 在头脑风暴后，给出一个可能的选题列表。
- 专家推荐。给出某领域一两个作者的名字，AI 反馈领域内权威专家列表。

关于这些功能的具体细节，此处不赘述。令人兴奋的地方在于研发人员开发 Elicit 的愿景：为科研人员提供直接准确的查询结果。Elicit 对 Semantic Scholar 等开放文献数据库进行分析，通过文献计量、信息抽取、自然语言理解、自动摘要等技术，掌握了文献深度特征和关联，便于用户进行细致查询。

由于 Elicit 利用大语言模型 GPT-3 作为驱动引擎，我们不需要了解高级检索方式，只需通过自然语言的对话形式，就能让 Elicit 理解我们要找什么，如图 4.17 所示。这无疑大大减轻了图情领域之外研究人员的培训负担。

图 4.17 Elicit

你可能会担心 Semantic Scholar 这样的文献数据库不够全面。不过在天津师范大学举办的 2020 年数据分析与信息服务发展国际会议上,我请教过 Kevin Boyack(凯文·博亚克)教授。按照他的说法,Semantic Scholar 可以算作"a global model"(全局模型),规模是足堪重任的。

作为一款(至少目前)免费的工具,Elicit 背后的开发团队真的很拼,他们不断推出新功能。不过我也了解到,很多研究新手因为不了解这款工具的基础功能而浅尝辄止,这非常可惜。本节我们尝试用简短的篇幅,聚焦在一个问题上——如何用 Elicit 帮助寻找研究选题。

4.3.3 用 Elicit 帮助寻找研究选题

我们打开 Elicit,先输入一个问题(近期 GPT3 有没有什么有趣应用?[1]):

```
any recent interesting applications with GPT3?
```

Elicit 很快就给出了结构化的结果,如图 4.18 所示。

图 4.18 结构化的结果

---

1 规范的提法应为 GPT-3,后文同。

粗略浏览，就会发现这些结果中有些"GPT"并非我们想要的。因为 AI 领域 GPT（Generative Pre-trained Transformer）的出现是近几年的事，而结果中有些论文的发表时间是 1997 年，显然研究的是另一个 GPT（General Particle Tracer）。

检索结果里有其他主题乱入，怎么办呢？对于其他更为棘手的情况，我们可能需要使用全称检索等方法来区分。但是在这个例子中，一种简单粗暴的方法就是用时间筛选。通过查询可知，GPT-3 出现的时间是 2020 年 7 月，如图 4.19 所示。

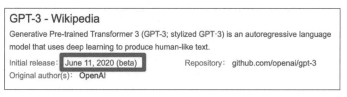

图 4.19　GPT-3 出现的时间

所以可以使用图 4.18 右侧的 Filter（过滤器），把发表时间设定为 2020 年之后，如图 4.20 所示。

如图 4.21 所示，再看看左侧显示的结果，已经发生了显著变化，这次过滤出来的内容基本上都和我们的问题相关了。

图 4.20　过滤器时间设定

可是我们并不清楚这些论文的重要性。衡量论文重要性的指标有很多，不过为了简化问题，此处让 Elicit 仅依据引用数（Citations）进行简单的排序，如图 4.22 所示。

图 4.21　过滤后的结果

图 4.22　排序后的结果

我们可以通过列表中论文的标题与摘要了解它们的研究目标和简单概述。其中有些论文可以直接打开 PDF 文件，查看具体的研究内容，如图 4.23 所示。

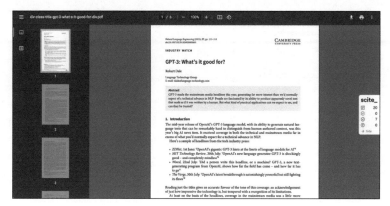

图 4.23　查看 PDF 文件

有些检索结果条目没有直接提供 PDF 文件，也不要紧。万不得已，还可以通过在 Semantic Scholar 平台直接找作者申请全文等方式来获取。

阅读 PDF 文件的时候，不妨主动从文献里寻找反馈，从而提高自己对于某一领域方法和范式的了解。还可以在 Elicit 给出的列表中加入一系列的元素（Column，列），例如作者（Authors）、来源（Source）、期刊（Journal）、DOI（数字对象标识符）等信息，如图 4.24 所示。

不过如果只是展现这些元数据（metadata）内容，对 Elicit 来说就是大材小用了。还可以让 Elicit 展示智能分析的结果，例如论文的类别、研究方法等。对于实验类的论文，甚至还可以把参与者数量、人群特征、参与者年龄、区域等信息都一一抽取出来，如图 4.25 所示。

这些信息展示体现了 Elicit 的细粒度和理解自然语言的特点，它不再"满足于"提供"书皮功夫"，而是可以帮助我们一追到底，利用 GPT-3 的强大功能完成信息抽取和梳理。感兴趣的读者可以根据自己的需要，一一体验这些功能。

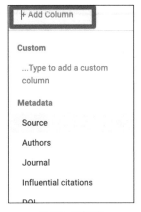

图 4.24 其他元素

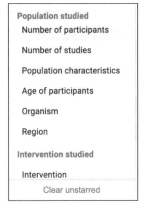

图 4.25 智能分析

下面介绍我最喜欢的功能——让 Elicit 利用 GPT-3 提供的语言理解功能，尝试直接回答我们提出的研究问题。

4.3.4 让 Elicit 回答研究问题

还记得我们的问题是什么吗？

```
any recent interesting applications
with GPT3?
```

这个问题其实不需要通过一一浏览文献来获得答案。因为可以让 Elicit 加上 Question-relevant summary 这一项，如图 4.26 所示。

很快就能看到，对我们的问题，Elicit 给出了图 4.27 所示的总结。

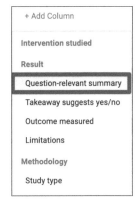

图 4.26 添加选项

	Takeaway from abstract	PDF	Year	Citations	Question-relevant summary
s for GPT-	GPT-3 performance depends on the choice of in-context examples and can be improved by retrieving similar examples.	-	2021	44	Some recent interesting applications with gpt3 include table to text generation and open domain question answering.
	GPT-3 made the mainstream media headlines this year, generating far more interest than normal.	PDF ↗	2021	16	Some recent interesting applications with gpt3 include text generation and machine translation.
s of GPT-3) in	Natural language computer applications can be deployed in healthcare-related contexts that require human-to-human interaction.	PDF ↗	2021	8	Some recent interesting applications with gpt3 include eHealth.
Can Help	GPT-3 can help reduce the cost of data labeling by 50% to 96% compared to human labeling.	PDF ↗	2021	7	Some recent interesting applications with gpt3 include reducing labeling cost and training other models.
ative Pre-	GPT-3 can generate text on virtually any topic and in a convincing manner.	PDF ↗	2021	6	Some recent interesting applications with gpt3 include the ability to generate original content that is indistinguishable from human writing.
ng for	GPT-3 has a strong few-shot in-context learning capability for biomedical applications.	-	2022	-	Some recent interesting applications with gpt3 include fine tuning GPT3 or small PLMs.

图 4.27　总结

确实很厉害！通过对自然语言的理解与总结，我们提出问题，Elicit 直接给出了答案。不过需要提醒的是，不要对 Elicit 直接给出的回答有过高的预期，因为这些自动生成的答案很可能不够准确，甚至有错误。但无论如何，它为我们的继续深入研究提供了一个不错的起点。

有的同学这时候一定不耐烦了："老师你说这么多有什么用？我就想找个好题目开题！找出那么多相关研究，知道了某项技术有哪些应用，对我有什么好处？我又不能把别人做过的东西再做一遍。"

首先，别人的研究对我们有参考价值，特别有助于我们判定很多研究方向的必要性。其次，我们不要这么急功近利。别人花几个月时间老老实实做文献综述，我们希望靠着 Elicit 几秒搞定，这现实吗？嗯，不好说。

我讲过，他人的"研究局限"可能是继续研究的一个起点，当然，需要注意别掉进别人挖的坑里。Elicit 的厉害之处在于在"博览群文"之后，快速把研究局限列出来，比起一篇篇翻找核对，效率要高出许多。我们

这就加入"Limitations"（研究局限）这
一列，如图 4.28 所示。

注意此次出来的 Limitations 这一列的结
果可能并不全，如图 4.29 所示；有的行干
脆没有内容。这是怎么回事呢？

哪篇论文后面没有局限性描述？这东西你
都抽不出来，还好意思自称智能？看来
Elicit 真的"人工智障"啊！

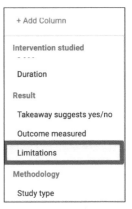

图 4.28　研究局限

	PDF	Year	Citations	Question-relevant summary	Limitations
oice of in- by	-	2021	44	Some recent interesting applications with gpt3 include table to text generation and open domain question answering.	-
dlines this normal.	PDF ⬀	2021	16	Some recent interesting applications with gpt3 include text generation and machine translation.	GPT-3's output is incoherent and that there is nothing to make it lean towards statements which accord with reality
s can be that	PDF ⬀	2021	8	Some recent interesting applications with gpt3 include eHealth.	GPT-3 is not an artificial general intelligence, it cannot replace a human interaction that requires humanness, it would be unrealistic to consider GPT-3 as a stand in for a healthcare provider or as a proxy in high stakes interactions, and it has major limitations including that it repeats itself semantically, loses coherence over long conversations, and contradicts itself
labeling by g.	PDF ⬀	2021	7	Some recent interesting applications with gpt3 include reducing labeling cost and training other models.	-
topic and				Some recent interesting applications with gpt3	

图 4.29　检索结果

我们先别急着下结论，仔细看看 Limitations 的内容都是什么。可以看
到，这里的 Limitations 并不完全等同于论文结尾的局限描述，而是实实
在在探讨 GPT-3 技术的局限性。这和提出的问题"高度相关"。因为这
种高度相关性，那些给出的答案可能蕴藏着深入挖掘的价值。针对别人

提出的研究局限，我们若能发挥自己的优势，结合独特视角，给出有价值的新解答，那么胜利就在向我们招手。

但是且慢，还记得之前提过研究局限的坑吗？例如这些研究局限只是作者给自己后续系列论文做的铺垫，怎么办？其实答案依然在 Elicit 中。我们可以把 Elicit 发现的研究局限转换成为新的问题，让 Elicit 在海量的文献数据库里寻找别人的研究成果，以便确定它们是有价值的真问题，还是已经被人捷足先登了。这样，你可以少走很多弯路。

注意，刚开始的时候，不要有一蹴而就找到合适选题的过高期待，因为那样很容易有挫败感。如果你很快定位出来了高价值的研究问题，那么恭喜你，运气真棒！如果中间经历波折，也不要紧。这些不断尝试的过程也让我们积累了对本领域研究主题和研究成果的认知，Elicit 其实已经帮助我们快速获得了清晰完整的研究路线。

篇幅所限，Elicit 其他好用的功能此处未一一涉及。鉴于 Elicit 更新频繁，读者读到这儿的时候，可能新的好用的功能又出来了，所以始终保持探索精神，学习如何用合适的工具高效解决问题吧。

第 5 章 ChatGPT 深度使用

2022 年 11 月 30 日，OpenAI 公司发布了 ChatGPT，很多人都热烈讨论并使用，就连埃隆·里夫·马斯克（Elon Reeve Musk）也认为很多人对 ChatGPT 陷入了疯狂的境地。

5.1　ChatGPT 来了

ChatGPT（见图 5.1）从名字上看有些平淡。Chat 是聊天机器人？至于 GPT，我们更是耳熟能详，前面介绍的 Explainpaper、LEX 等应用都是它在发挥作用。两个并不算新奇的概念结合在一起，能有什么令人兴奋的？

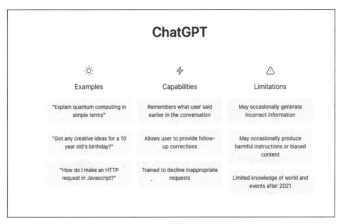

图 5.1　ChatGPT

我在 2023 年 2 月 8 日的晚上做了一次直播，题目叫作"ChatGPT 来了，老师和同学们准备好了吗"。做这次直播，是因为两点。

第一点，来自于我的一位好友，他也是大学教师。他的问题（见图 5.2）让我哭笑不得，可是又无法反驳。如果有一个 AI 服务，能让你把假期写论文（主要是结课论文）的时间缩短到原来的几十分之一，甚至是几百分之一，有多少人真能抵住诱惑呢？

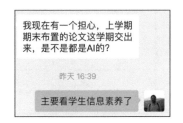

图 5.2　好友的提问

第二点，也是我最想聊的，是 ChatGPT 检索趋势的变化。如果你经常刷社交媒体，大概已经被各种消息占据视线了。直观上讲，就是我终于有一篇回答获得了非常高的阅读量（见图 5.3），这让我有些激动。

图 5.3　某一篇回答的阅读量

可问题是，这篇回答我在 2022 年底就发布了。它的阅读量分布并不均匀，趋势图如图 5.4 所示。

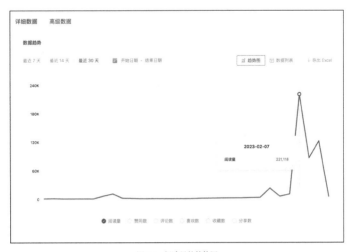

图 5.4　阅读量的趋势图

仅 2023 年 2 月 7 日的阅读量就有 20 多万，这个数据让我有些疑惑。ChatGPT 出现的时间是 2022 年 11 月 30 日。ChatGPT 在 GoogleTrends（谷歌趋势）上的数据如图 5.5 所示。

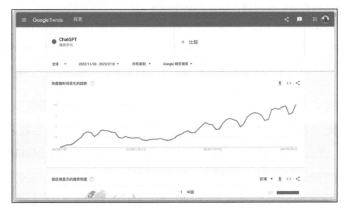

图 5.5　ChatGPT 在 GoogleTrends 上的数据

两相对比不难看出端倪，国内的 ChatGPT 趋势变化属于"突然爆火"，人们对它的广泛了解似乎比较滞后。我用微信指数验证了一下，如图 5.6 所示，果然如此。

于是我就开始琢磨一件事，ChatGPT 的检索趋势滞后效应是怎么来的？其实，早在 2022 年 12 月初，国内就有不少人在介绍 ChatGPT。我在少数派的文章首页的推荐时间是 2022 年 12 月 5 日，而我在 B 站上介绍 ChatGPT

图 5.6　ChatGPT 的微信指数

的视频发布时间其实更早（2022 年 12 月 4 日）。根据我的记忆，当时介绍 ChatGPT 的人肯定不止我一个。那为什么大部分人当时并没有真正注意它呢？

做这次直播准备的时候，我找到了这句话：

People tend to underestimate the long-term effects and overestimate the short-term effects. （人们往往低估了长期影响，而高估了短期影响。）

这些年，人们没少听说 AI 在高速进步。六七年之前，人类的围棋顶尖棋手就已经被 AI 超越。在当时，许多人就已经在探讨哪些工作会被 AI 取代。然而，几年过去了，"狼来了"的声音不绝于耳，却没见出现机器人戴着工牌走上岗位、人搬着箱子黯然离开公司的情形。所以，人们就把每一次 AI 的突破都当成噱头和谈资，越来越觉得无所谓了。

不过我发现，有的时候，简单实际的 AI 应用摆在面前反而会给人们更大的震撼。我上课的时候，给学生展示语音输入的准确率，学生瞪圆了眼睛；放一段自动驾驶视频，很多人感叹驾照白考了；展示 GPT-2 自动补全文章段落，学生的眼神很复杂……

共识的改变是不容易的。例如枪械刚刚发明的时候，许多人认为弓箭才是正途，火枪这种"奇技淫巧"不可能有前途。但当人们突然意识到周围的人开始用新科技取得竞争优势，甚至来"卷"自己的时候，你不用教育他们什么，他们自己就立即会对新科技产生强烈的好奇心。

ChatGPT 也是这样。当三分之一的学生开始用它写作业的时候，老师不可能不关注。当产品经理突然发现 ChatGPT 能直接根据要求写代码的时候，程序员不可能不关注。这样的例子，发生在各种行业、各种场景。前面可能还是润物无声，但是很快就形成了山呼海啸一般的磅礴声势。

如果我们到 2023 年 3 月底才开始听说和关注 ChatGPT，那么请务必检验和调整一下自己的信息来源。不断更新、维护自己有价值的信息来源，是在科技浪潮中避免错失机遇的基本操作。

回顾之前那句"人们往往低估了长期影响，而高估了短期影响"。我们也不要只盯着前半句，忘了后半句。目前 ChatGPT 的热度其实是太高了，我们应该冷静，尤其关注下面几个注意事项。

第一，不要轻易为所有挂着 ChatGPT 幌子的服务买单。曾有一位朋友给我发来了一个 ChatGPT 服务，缴费阶梯分为几档，按照对话次数收费。相对于 ChatGPT PLUS 的价格，这个服务的价格谈不上贵。但问题是，这些非官方服务的风险还是比较大的。一方面，调用 OpenAI 的服务接口是否符合官方规范尚未可知，有可能因为不当的商业化利用而被停止服务；另一方面，这类产品借助国内某些应用提供服务，稳定性也有待评估。这两方面有一个出现问题，提前支付的费用就有可能打了水漂。

第二，特别注意数据安全。ChatGPT 的训练靠的是大规模人工反馈。每一个 ChatGPT 的免费用户，其实都是在用输入的数据和人工反馈作为成本来享受 ChatGPT 的服务，数据没有任何安全和保密性可言。所以千万避免输入敏感信息和隐私数据，否则会追悔莫及。

第三，不要轻信 ChatGPT 提供的结果。ChatGPT 的特点是"见识广泛"，而不是"知识渊博"，它可以一本正经地讲述谬论而让我们浑然不觉。所以最好问它一些可以立即验证的内容。例如它按照要求写了一段代码，我们可以直接将代码复制到运行环境中检验，真假优劣立判，这就不容易被误导。如果需要让 AI 帮忙获得最新的信息，并且提供证据支撑，ChatGPT 目前还做不到。

第四，如果你是学生，千万不要尝试用 ChatGPT 作弊。国法校纪从来没有承诺对最先进的 AI 科技网开一面。如果你试图用 ChatGPT 当枪手生成内容并且被抓到，一样要面临严重后果。到那时，令无数人上瘾的喜剧就变成了你个人的悲剧，着实划不来。还是应该踏踏实实学习知识，认认真真按照要求码字。ChatGPT 可以作为帮手来为你提升效率，但是一定要分清"帮你做"和"替你做"的边界。

5.2　ChatGPT 上手体验

我尝试了一下 ChatGPT，然后立即在朋友圈深刻感慨：

AI 快要成精了！

我觉得自己这不算大惊小怪。我们来看看 ChatGPT 都能做什么吧。

5.2.1　看看 ChatGPT 能做什么

平时遇到新问题，你一般会怎么寻找答案？估计主要是问答网站，或者干脆利用自己的社交网络吧？现在可以先问一问 AI 了。

例如你考研通过了初试，收到复试通知。这时你自然想了解一下，复试的时候该怎么介绍自己。需要去上个专门的培训班吗？以前也许吧。但是现在，你可以把这个问题给到 ChatGPT：

写一个考研复试的自我介绍材料

ChatGPT 的回答如图 5.7 所示。

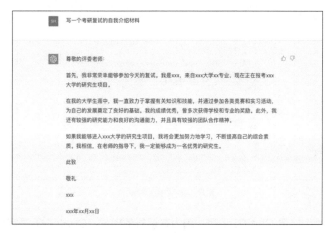

图 5.7　考研复试的自我介绍材料

怎么样？这个答案还很不错吧？有意思的是，问题中没有提到过评委。

假设你靠着 ChatGPT 的帮助，顺利通过了复试并且拿到了录取通知书。下面该联系导师了，怎么给导师写第一封信呢？如果直接向 ChatGPT 下命令：

写一封联系研究生导师的信

ChatGPT 的回答如图 5.8 所示。

我看了以后，实在有些想笑。因为在我收到的联系邮件里，有好几封好像还没到这个水平呢。看来人类不够用心的时候，甚至有可能被 AI 超越。可我转念一想，这些内容会不会就是传说中的"模板"呢？如果是搜来的模板直接填，好像也没什么了不起。

图 5.8　联系研究生导师的信

其实我们错怪 ChatGPT 了。因为在运行的时候，ChatGPT 是完全靠着自己掌握的知识来解答，并不现从网上搜索答案。例如 ChatGPT 关于"tell me something about shuyi wang"（告诉我一些关于王树义的事情）的回答如图 5.9 所示。可见，ChatGPT 认为自己没有能力通过浏览互联网或通过其他方式获取王树义的信息，自己只是 OpenAI 公司的大语言模型而已。

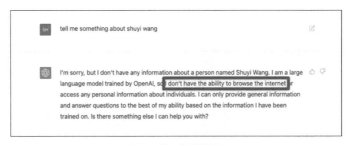

图 5.9　关于王树义的回答

为消除读者的疑虑，我们还是问点有技术含量的问题。假如你想学习视频剪辑，但周围又没有做过视频剪辑的朋友，怎么办？你可以这样问问 ChatGPT，如图 5.10 所示。

图 5.10　对剪辑视频的回答

我认为这个回答没问题。如果想要了解某些行业的现状，例如视频网站哪个好用，也可以问 ChatGPT，如图 5.11 所示。

图 5.11　对视频网站哪个好用的回答

这个回答足够客观而全面。

注意：ChatGPT 默认使用的 GPT-3.5 底层用到的语言资料训练集截至 2021 年 9 月，而且语料里的中文数据比英文数据少许多，所以 ChatGPT 提供的答案未必都与现状相符。如果 ChatGPT 的回答中有过时的信息，或者对太新概念的回答不到位，则在所难免。我们在使用的时候需要注意甄别，不必过于苛求。

5.2.2 ChatGPT回答专业性强的问题

老同学看了我的朋友圈后问我，ChatGPT 能不能回答专业性强的问题？例如他在环境科学部门工作，这个模型知道"生态文明"吗？可否在撰稿的时候给他"扩展一下思路"？对这个问题 ChatGPT 的回答如图 5.12 所示。

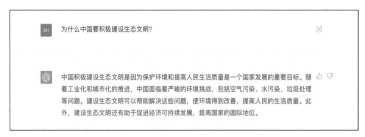

图 5.12　对为什么中国要积极建设生态文明的回答

你觉得这个答案怎么样？我不是专业人士，不好妄加评断。但我觉得能回答"为什么"的问题固然好，可要是能回答"怎么办"就更厉害了。于是我继续问了下面的这个问题，如图 5.13 所示。

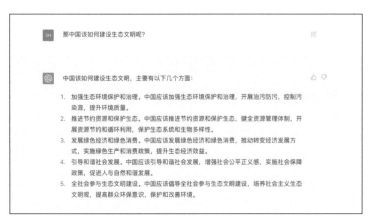

图 5.13　对如何建设生态文明的回答

我把这两个答案发给老同学，他立刻表示自己要抓紧试一试。

一开始我觉得这个模型无非是一问一答的聊天，每轮问答都是独立的；ChatGPT 提供的答案虽然比已有的 AI 问答应用精彩，但还不够亮眼。但是我想错了——我们还可以要求 ChatGPT 对前面答案中的某一部分进一步扩展阐释，也就是不断追问。

例如刚刚我们问到了"怎么办"的问题，ChatGPT 给出了包含 5 点的答案列表。于是我让它扩展一下其中的第 3 点，它的回答如图 5.14 所示。

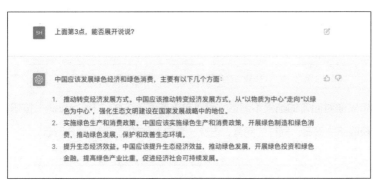

图 5.14　对第 3 点的扩展介绍

前面我们问的还都是比较现实的问题。其实 ChatGPT 对于语义的理解已经超越了"现实"层次，我们可以在提问中假设前提。我问了这样一个假设问题：

如果李白 2022 年来到中国，会作一首什么样的诗？

如图 5.15 所示，这是 ChatGPT 在想象之后给出的答案。

图 5.15 李白作诗 1（图中"做"应为"作"）

如果你对回答的结果不满意，可以单击答案下方的"Try Again"按钮，获取新的答案。同样的问题，这次"李白"作的诗如图 5.16 所示。

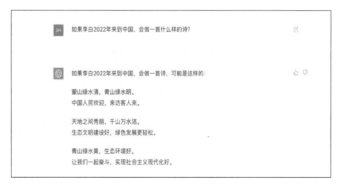

图 5.16 李白作诗 2（图中"做"应为"作"）

我觉得真正好玩的地方不在于诗作得怎么样（确实不怎么样），而是它一直在顺着上下文来讨论——我根本没有指明这首诗跟"生态文明"有关。但既然刚才的问答关于生态文明，ChatGPT 也就按照这个思路继续思考和答复了，因此诗都与这个主题相关。

看到这儿，你可能会把 ChatGPT 当成一个新鲜的玩具，打算把玩。作为一个样例程序，它确实给用户留下了良好的第一印象。大家心态比较放松时，对结果也不会太当真，享受一下答案中时而出现的幽默挺好的。可是我得提醒你，ChatGPT 根本不是一个简单的玩具，它在某些方面可以作为我们的个性化私人教练。

假设你是个编程初学者，导师布置了一个任务：周末学好 Python 并写一个分类模型来处理实验数据。你该怎么办？很多同学想到的就是上网查资料或者看书。这样没问题，就是效率低了些。现在，你多了一个选择——直接问 ChatGPT：

如何用 Python 写一个简单分类模型?

ChatGPT 立即回答的结果如图 5.17 所示。

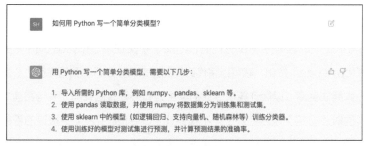

图 5.17 对用 Python 写一个简单分类模型的回答

看到这些，你已经能了解基本的处理步骤了。这对于一个辅助问答系统而言，已经算是合格了。但是你以为 ChatGPT 说完了？没有！它可以一鼓作气，把示例代码都写出来，如图 5.18 所示。

图 5.18　简单分类模型的 Python 代码

ChatGPT 的回答中不仅有代码，还加了中文注释。单击图 5.18 中的"Copy code"按钮，就可以将代码复制出来直接运行。我看完后，心里一阵翻江倒海。以后计算机专业的学生还有必要背函数吗？我当初读本科的时候有这个东西就好了。不仅如此，ChatGPT 还能给报错的程序找到问题所在，甚至给出足够靠谱的解决方案。不过考虑到这部分内容比较专业，这里就不展开了。

5.2.3　ChatGPT 的实现原理

这么有趣的新应用，它的实现原理是什么呢？这次干脆直接问 ChatGPT：

你是如何工作的？

ChatGPT 的回答如图 5.19 所示。

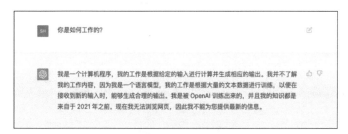

图 5.19　对 ChatGPT 如何工作的回答

这个回答并不好。官方资料介绍如图 5.20 所示，即 ChatGPT 是一个训练好的模型，它以对话方式进行交互，使得 ChatGPT 能够回答后续问题、承认错误、质疑不正确的前提和拒绝不适当的请求。

图 5.20　ChatGPT 官方资料介绍

ChatGPT 建立在 GPT-3.5（2023 年 3 月 15 日，OpenAI 发布了 GPT-4，

部分用户在使用时可以切换模型）之上，使用了人工参与的增强学习。对于 ChatGPT 的原理，OpenAI 官方给出了原理图，如图 5.21 所示。

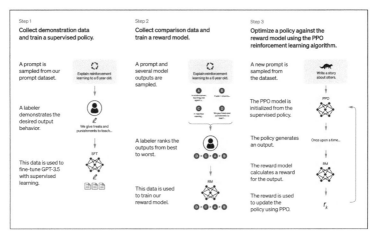

图 5.21　ChatGPT 原理

ChatGPT 的原理主要分为以下 3 步。

Step 1：收集示范数据，训练监督策略模型。标注人员根据提示的分布，对每个提示标注期待输出，用来训练有监督的标准模型。

Step 2：收集对比数据，训练奖励模型（Reward Model，RM）。收集模型输出的数据，让标注人员标注出更适合的输出，用来训练奖励模型，以预测人类偏爱的输出。人类标注人员对这些结果进行综合考虑给出排名顺序。这一过程类似于教练或老师辅导。

Step 3：基于近端策略优化（Proximal Policy Optimization，PPO，深度强化学习领域最广泛应用的算法之一）算法，对奖励模型进行优化策略调整。在数据集中随机抽取问题，使用 PPO 模型生成回答，并用

Step 2 训练好的奖励模型给出质量分数。把质量分数依次传递，由此产生策略梯度，然后通过强化学习的方式更新 PPO 模型参数。

Step 2 和 Step 3 可以连续迭代、不断重复，这样可以训练出更高质量的 ChatGPT 模型。

简单概括来说：人来提问机器答，机器提问人来答（这个过程，机器会帮助给出辅助参考答案）……不断迭代，模型逐渐有了对生成答案的评判能力（可以理解成"品位"），展现出来就是现在具有理解能力的样子。

如果你觉得上面的简单转述不详细，可以直接阅读 OpenAI 的原理论文[1]，如图 5.22 所示。

图 5.22　OpenAI 的原理论文

1　论文下载地址为 https://arxiv.org/pdf/2203.02155.pdf。

5.2.4 ChatGPT 如何上手?

你是不是迫不及待打算使用 ChatGPT 了? 目前 OpenAI 提供了 ChatGPT 的演示应用,不需要安装任何软件,也不必准备硬件运行环境(例如 GPU),只需要用浏览器打开 https://chat.openai.com/ 即可。而使用 ChatGPT 唯一的前提条件是需要注册账号,如图 5.23 所示。不少人在注册的时候会遇到一些小障碍,可以在网络上搜一下详细教程,一步步完成 OpenAI 账号注册。

在第一次进入 ChatGPT 时,会有一些提示,是关于该应用数据采集和隐私保护的说明,如图 5.24 所示。

图 5.23 注册 OpenAI 账号   图 5.24 数据采集和隐私保护的说明

弹出的提示有 3 页,总结下来最为重要的是两句话:不要用它来从事违法或者违反公序良俗的事,不要在提问的时候暴露个人的隐私信息。

5.3 如何高效使用 ChatGPT?

如果我们一直在听别人谈论 ChatGPT,那我们恐怕不是流量的获取方。

说得直白一些：我们就是流量。这里的建议是尽早从猎奇甚至"站队"中走出来，更为高效地利用 ChatGPT，为自己获取竞争优势。要达到这个目标，需要做两件事情：第一，摆正认识；第二，上手操作。

5.3.1　摆正认识

有观点认为 ChatGPT 是"互联网信息全集的有损压缩文件"。一开始我也觉得这个观点很新颖，至少观察和对比角度非常独特。但仔细思考后我认为，ChatGPT 的基础是 GPT-3.5 或 GPT-4 这样一个大语言模型，它是刻画语言规律，而不是记录语言内容本身。如果我们追求的是对丰富数据的记忆力，那么世界上最强、最先进科技的诞生地应该是维基百科、大型图书馆或档案馆。但 ChatGPT 让人惊艳的并非是能把世界上已经产生的内容原原本本回忆出来，而是能根据用户的具体需求创造新内容。

ChatGPT 不是搜索引擎。它可以根据特定要求输出一些代码，如果运气足够好，这些新生成的代码甚至不需要我们人工调整即可正常运行。虽然现存的很多代码与之非常相似，都遵循相同的语法规则，但新代码就是新代码，这些代码在网络上从未存在过。这种创造是搜索引擎无法达成的。

ChatGPT 的惊人进步并非来自更高比率的"有损压缩"技术。它能寻找规律——寻找解决问题的规律、描述内容的规律……甚至还可能蕴含一些其他规律，只是我们目前还没有意识到，或者尚未尝试而已。寻找规律而不是记忆内容，真的很重要吗？当然。有的人记笔记喜欢高亮或摘抄书里的段落，但已经有许多研究证明，这些做法其实没有显著作用。相反，在记笔记的时候根据新的上下文进行转述（elaboration）反而更加重要，因为那是你自己的话，其中包含了创造。

我们原以为只有人类才能进行有价值的创造性活动，机器只是按照规则从事机械性重复劳动，或者模仿人类的言行。ChatGPT 似乎跨越了这一限制，至少在编程上，它可以直接给用户提供新的解决方案了。所谓新的代码和已存在的代码的差别兴许都不到 5%，但别忘了"太阳底下无新事"。乔布斯把"创造力"的概念说得更加直白："Creativity is just connecting things. When you ask creative people how they did something, they feel a little guilty because they didn't really do it, they just saw something. It seemed obvious to them after a while."（创造力只是连接事物。当你问有创造力的人如何做某事时，他们会感到有点内疚，因为他们并没有真正去做，他们只是看到了一些东西。过了一段时间后，这些东西对他们来说似乎是显而易见的。）

无视 ChatGPT 拥有的动态创造能力，只将其当成有损压缩文件是否合适呢？让我们进一步想想：提出这一观点的人，是否真正理解大语言模型的本质？语言模型在演进过程中都发生过什么？模型是如何处理输入和输出的？如果他对于上述问题都很清楚，就绝对不会把 ChatGPT 看作一个巨大的 JPEG 文件，只负责简单的压缩和解压缩。反之，如果他对于技术毫不了解，只是观察了一定数量的 ChatGPT 输出结果就匆忙做出判断，会怎么样呢？

这样的观点可能会让我们对新事物产生误判。例如我们会因此觉得 ChatGPT 只是记忆力拔群，会觉得它和我们的工作没有关系，从而可能错失机遇。

刚才说的不过是读者可能被误导的方向之一。其实如果一些人觉得

"ChatGPT 跟我无关"，面临的损失不一定太大。然而更多充满激情的观点则可能把我们引到另一个极端——觉得 ChatGPT 是强人工智能的降临标志，甚至把它当成一个神来顶礼膜拜。

如今，ChatGPT 不仅"出圈儿"了，而且出得太快。曾经有炒股高手说过，如果有菜场大妈向你推荐股票，你就应该知道牛市到顶了。有位朋友发了个哭笑不得的表情，并在动态里写道："从来对高科技无感的厨师老爹也给他转发 ChatGPT 的资料。"我看到后心里咯噔一下——ChatGPT 才出来几个月，莫非这波就已经到顶了？

或许吧，但这真不能算是 ChatGPT 的错。OpenAI 官方至今并没有做出任何显著夸大其词的虚假宣传，但是普通人的预期着实"太旺"了。许多人尝试之后发现自己能够从 ChatGPT 中受益，于是为它免费宣传；宣传触达了更大的群体后，大众对 ChatGPT 功能的认知就逐渐走了样。这就如同有针对性的特效药被传得神乎其神后，变成了万灵药。

这些日子不少人在讲如何利用 ChatGPT 赚钱，例如有人建立网站用它来帮助别人做简历，这样的应用至少还算有价值。但是他们赚到的那点钱简直是小巫见大巫：有些人利用信息不对称才真是大赚特赚。虽然我并不完全相信网上说的那些数字，觉得有吹嘘成分，但至少这种现象应该是真实存在的。

有人会脱离目前 ChatGPT 的实际能力去做各种各样不负责任的尝试，不可避免地遭遇了挫折，之后这种挫折传播开，就会给大众带来深深的失望。

对于一个爆火的科技产品来说，这些遭遇可能难以避免。只不过我们应该警醒，避免兴奋过头，跟着部分人一起癫狂。

这也不是，那也不是，我们究竟该如何摆正对 ChatGPT 的认识呢？其实 ChatGPT 一点儿也不神秘。你不必了解大语言模型的架构，甚至连神经网络的基础单元如何连接也不必了解。这又不是考试。你只需知道，它是一次成功的 AI 工程化尝试。

人们的激动与兴奋源自于一个新 AI 产品真的可用，并且能给自己提供帮助。2022 年 AI 领域发生了许多事情，可以在技术编年史上留下一笔。但真正激动人心的不是 AI 理论乃至研究范式方面的突破，而是"AI 工程化"的成功。

"工程化"是什么？是科技进步带来的产品让普通人看得见、摸得着、用得上。20 世纪 70 年代的个人计算机是工程化，20 世纪 90 年代的互联网是工程化，2007 年以 iPhone 为代表的智能手机是工程化，如今的人脸识别也是工程化。现在我们见识到的工程化是 DALL·E，是 Midjourney，是 Stable Diffusion，也是 ChatGPT。

杨立昆（Yann Lecun）说 ChatGPT 不是什么新技术，OpenAI 的技术实力不如 Google。从单纯的学术角度来讲他说得没什么不妥。但是历史会记住，是 OpenAI 而不是 Google 先做出来了 ChatGPT，从而引领了此次 AI 破圈的浪潮。

我们经常会对一些火爆事物的发明者产生特别的崇拜，认为他们每一步都踏在了正确的道路上，战略规划清晰异常。但如果你了解幕后的故事，就会发现许多成功根本就不是精密设计、运筹帷幄的结果。

拿 ChatGPT 来说，OpenAI 最初的想法是内部测试成熟之后，再发布这个聊天机器人。但是在模型训练过程中 OpenAI 遇到了巨大的困难，甚至想过要放弃，或者至少把目标做出大幅调整。为什么呢？因为 ChatGPT 内部测试过程很不顺利。OpenAI 采用了一种被称作 RLHF（Reinforcement Learning from Human Feedback）的技术，就是依赖人的反馈来训练和校准模型，如图 5.25 所示。

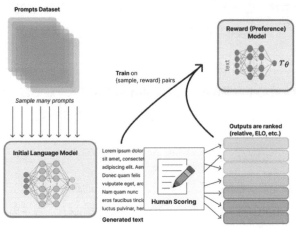

Prompts Dataset：提示数据集；　　　Sample many prompts：采样多组提示；
Initial Language Model：初始语言模型；　Generated text：生成的文本；
Human Scoring：人类打分；　　　　　Outputs are ranked：生成的文本被排序；
Train on {sample, reward}pairs：在 { 采样，奖励 } 对上训练；
Reward (Preference) Model：奖励（偏好）模型

图 5.25　RLHF 技术

可是 OpenAI 找来的内测人员坐在 ChatGPT 前面不知道该说什么，尬聊带来的结果是项目进展很不理想。OpenAI 干脆决定不等了，直接以一种半成品的形式开放招募测试。没错，每一个"研究预览版"的 ChatGPT 用户，其实都是 OpenAI 的免费测试员。这几个月，全球的"测试员们"夜以继日为模型的完善不断做出贡献。测试员数量快速增长，甚至 OpenAI 不得不收费，才能避免服务器被挤爆。

ChatGPT 的发布其实是个风险很大的决定。种子用户的选择一般会避免如此草率的方式。一来如果模型在最初的热心用户群体里出现口碑翻车,后面很难挽回;二来用户输入和反馈的数据很可能会对模型造成污染。当年某个大厂的对话机器人没几天学了一通"脏口"便是前车之鉴。

不过很显然,这个决定有惊无险——ChatGPT 不仅没有口碑翻车,而且迫使别的大厂发布红色警报,甚至股票价格都发生大幅波动。

你看,ChatGPT 只是一个依靠许许多多用户的帮助而快速进步的大语言模型。我们不需要过度吹捧它,也不必跟着别人一起把它认定为一个噱头。摆正了认知之后,我们才好开始下一步:上手操作。

5.3.2 上手操作

我的第二个建议就是不要人云亦云。相信自己的眼睛,相信自己的双手,去试试 ChatGPT,然后根据实践结果多总结和迭代,真正用它为自己服务。

我目前主要将 ChatGPT 用在两项工作上:一是写作,二是编程。

先说写作。写久了,很容易遇到创作瓶颈,所以我尝试用 ChatGPT 来突破。例如让它帮忙思考一些例子来支撑自己的论断:写着写着我突然觉得,自己举的这个例子不充分,有没有更好的例子?以前这就意味着需要打开搜索引擎、输入关键词,然后对着浩如烟海的结果慢慢筛选。但现在我可以告诉 ChatGPT"补充例子,论证上面的论断",如图 5.26 所示。

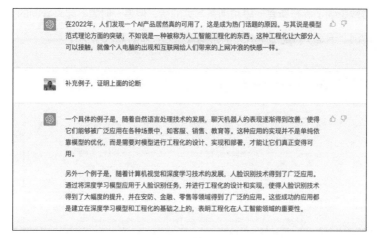

图 5.26　补充例子

我觉得回答里的例子虽然不能直接使用，但依然对写作者有启发。例如人脸识别已经成了"日用而不知"，我几乎每天都要用这种方式付款，但写作时确实不会第一时间想到用它作为 AI 工程化的例子。如果你觉得例子不够好也没关系，让它继续举例即可，如图 5.27 所示。

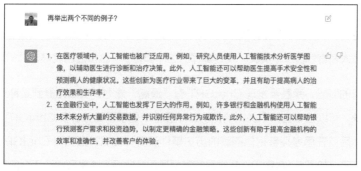

图 5.27　继续举例

除了实际的示例，ChatGPT 也善于查找名人名言。例如我写这一节的时候想到了乔布斯有一段和创新有关的话，但是一时想不起来里面的关键词，于是干脆让 ChatGPT 帮我去回忆，如图 5.28 所示。

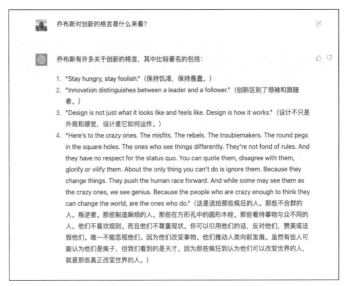

图 5.28　查找名人名言

看了一下回答觉得都不是？没关系，让 ChatGPT 继续补充，如图 5.29 所示。一下子，我就发现第 6 条是自己想要的。而且 ChatGPT 给出的名人名言包含了中英文，我连翻译的工作都省了，直接复制就好。

有的时候，我甚至发现 ChatGPT 有"通感"能力。例如你提到某种现象，可以让它去找到类似的情况。下面这个例子里我分析了 ChatGPT，然后就在思考押着相似韵脚的历史事件还有什么呢？直接问 ChatGPT 好了，如图 5.30 所示。我觉得答案里面用互联网泡沫来形容"大众的期待过高"还是比较贴切的。

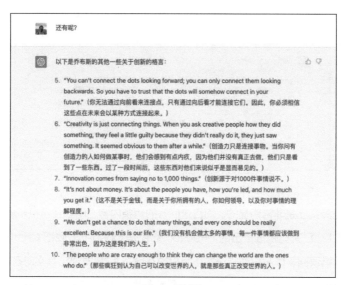

图 5.29　继续补充

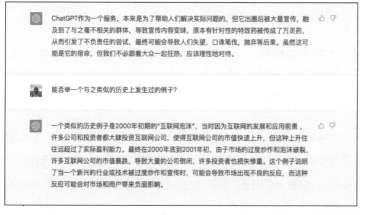

图 5.30　回顾历史事件

只不过需要注意的是，对于 ChatGPT 给出的结果不能不加甄别就直接利用。例如图 5.31 所示的问题回答，你一眼看上去，能否发现问题？

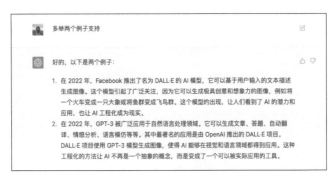

图 5.31　有问题的回答

问题其实还是非常明显的。而且这回答的两条内容之间已经自相矛盾了。DALL · E 究竟是谁推出的，Facebook 还是 OpenAI？我把 ChatGPT 这种错误回答情况称作"一本正经胡说八道"。你会发现它其实对答案并没有把握，但是回答起来简直就是斩钉截铁。如果你在选用的时候不加判断，将来文章发布或者书籍出版之时就很尴尬了。所以选用 ChatGPT 给出的答案时应当足够审慎。

另一个应用是编程——一步步提要求、不断改进。关于如何使用 ChatGPT 帮助编程，读者可以参考我录制的视频——"如何用 ChatGPT 帮你写 Python 爬虫"[1]。

在这个写爬虫的例子里，还需要我告诉 ChatGPT "怎么做"，也就是描述流程步骤，但其实你还可以用另一种方式跟它沟通——直接告诉它"干什么"，给它看一个例子，然后让它按照例子来编写程序。这其实就是让 ChatGPT 去"主动学习"了。

例如在下面的例子里，我请 ChatGPT 把一段文本里面出现的特定内容

1　视频播放地址 https://www.bilibili.com/video/BV14T411Z7FE/。

进行替换，如图 5.32 所示。有趣的是，这次我没有告诉它具体的执行步骤，而是给了一个相对模糊的示例。示例里面出现的"…"并非真正的文本，而是代表了一种任意性。

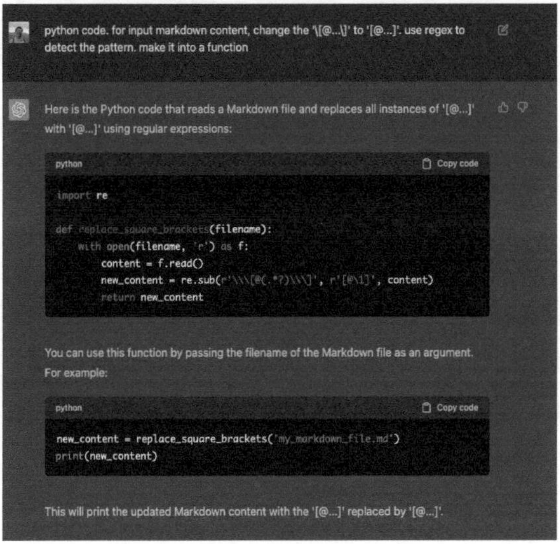

图 5.32　特定内容替换

尝试后，我发现代码运行很顺利，文本替换成功。我非常兴奋，并不只是因为 ChatGPT 帮我解决了眼前这一个具体的问题；而且还因为有了这个发现，以后让 ChatGPT 帮我处理一些机械重复的文本处理工作就更加得心应手了，因为给示例就可以。

5.4　用 GPT-4 帮忙写游戏

目前想要用上 GPT-4 的主要渠道是订阅 ChatGPT PLUS，交了订阅费的用户可以在对话的时候选择 GPT-4 模型，如图 5.33 所示。

图 5.33　选择模型

有了 GPT-4，可以做什么呢？有人看了官方的演示视频后，兴冲冲地打算上传图片进行"看图说话"，但是发现连上传图片的地方都没有。有人即便用上了 ChatGPT PLUS，也依然只能守着文本框发呆，如图 5.34 所示。

图 5.34　只有文本框

即便订阅了 ChatGPT PLUS，每 4 小时也只有 100 条 GPT-4 对话限额（对话限额一路走低，目前变成了每 3 小时只有 25 条，这个上限官方团队可能还会调整）。那我们该如何利用这宝贵的对话权限呢？我尝试了GPT-4 的各种推理和翻译能力，印象深刻。

此处要介绍的是它的编程功能，准确来说，是游戏编程。有位网友（Andre Infante）说了一句话，然后 GPT-4 就编好了创新性的融合游戏（生命游戏 +Pong），如图 5.35 所示。

图 5.35　创新性的融合游戏

我觉得这就是个噱头,一句话就能编出来游戏了?你也太小瞧开发者的能力门槛了吧?我决定把他的话原封不动扔到我的 GPT-4 对话里,看看出来的是什么,如图 5.36 所示。

图 5.36 尝试提问

嗯,程序有了,我直接把程序粘贴到 Visual Studio Code 里运行。你看,如图 5.37 所示,报错了吧?

```
® (base) → conway-pong-game-by-gpt4 /Users/wsy/opt/anaconda3/bin/python /Users/wsy/
Dropbox/var/wsywork/learn/demo-workshops/conway-pong-game-by-gpt4/test.py
Traceback (most recent call last):
  File "/Users/wsy/Dropbox/var/wsywork/learn/demo-workshops/conway-pong-game-by-gpt4
odule>
    import pygame
ModuleNotFoundError: No module named 'pygame'
```

图 5.37 报错

我就知道不可以，但 ChatGPT 已经给我提示，需要安装软件包，如图 5.38 所示。

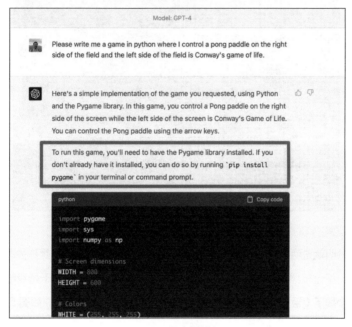

图 5.38　提示安装软件包

我根据提示安装了 pygame 软件包，如图 5.39 所示。

```
ModuleNotFoundError: No module named 'pygame'
● (base) → conway-pong-game-by-gpt4 pip install pygame
 Collecting pygame
   Downloading pygame-2.3.0-cp39-cp39-macosx_11_0_arm64.whl (12.2 MB)
                            ───────── 12.2/12.2 MB 24.8 MB/s eta 0:00:00
 Installing collected packages: pygame
 Successfully installed pygame-2.3.0
```

图 5.39　安装软件包

运行后居然没有报错，不过运行的效果如图 5.40 所示。

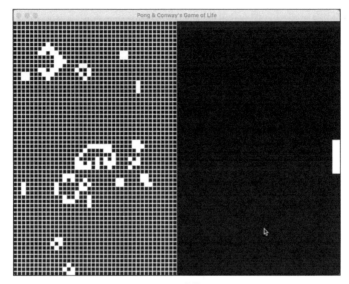

图 5.40 运行效果

这分明就是两个游戏。而且右边是可以拿着板子上下飞舞，但是球去哪儿了？不过按照以往的经验，我们可以用自然语言让它改进。于是我给了一个提示（至少你需要给我一个能打的球，以及一个记分牌），如图 5.41 所示。

 at least you need to give me a ball to hit, also a score board, please

图 5.41 补充提示

它还挺懂礼貌，先跟我道歉，然后把代码做了更新，如图 5.42 所示。

运行更新后的代码，依然没有报错，运行效果如图 5.43 所示。

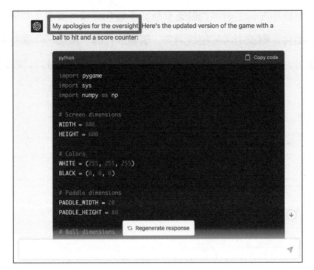

图 5.42　代码更新

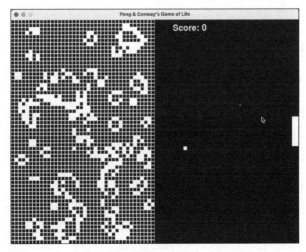

图 5.43　更新后运行效果 1

这次确实有球了，而且也能计分了，但是问题很多。你看，分数规则奇怪，而且球和左侧的游戏也缺乏交互。于是我继续提要求（如果球击中左侧的组件，则该组件应相应消失，请修改代码。添加一个重新开始游戏的按钮。此外，如果球击中左侧组件，则得分 +1。谢谢。），如图 5.44 所示。

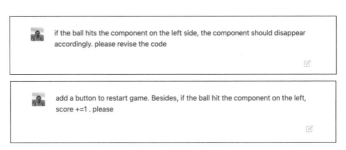

图 5.44　继续提要求

GPT-4 很认真地修改代码，之后的运行效果如图 5.45 所示。

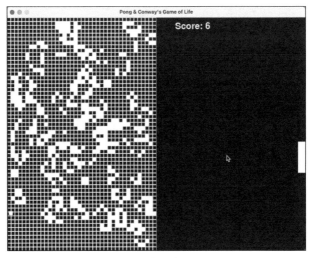

图 5.45　更新后运行效果 2

不过，还是有不尽如人意的地方。例如得分总会突然归零，以及左侧的网格线让人头晕。于是我继续给 GPT-4 提要求（添加开始和暂停按钮。同时，除非球飞出右边界，否则保留得分。此外，左侧的网格线有点烦人，请您把它们擦掉好吗？），如图 5.46 所示。

 add start and pause button. also keep the score unless ball fly out of the right boarder. also, the grid on the left side is a little bit annoying. would you please erase them?

图 5.46　增加开始和暂停按钮等

这次代码运行的效果如图 5.47 所示。

图 5.47　再次改进后的运行效果

这次感觉上是不是好多了呢？我知道这个游戏还有很多缺点，而且我的做法毫无原创性可言。但是这个复现的过程至少证明了一件事——原帖的作者没有夸大其词——完全用自然语言提要求，GPT-4 确实就可以帮忙写游戏了。

当然，任何一个有经验的程序员都可以指出 GPT-4 辅助编程的种种缺点，然后断言它永远替代不了优秀的开发者。但你别忘了，GPT-4 发布还不到48小时[1]，目前一众大语言模型还在以狂飙的姿态进化中。再说了，谁说它的目标是替代"优秀的开发者"了？借用好友的观点：优秀的开发者会利用它，效率提升 100 倍；编程入门者会利用它，享受私教带来的因材施教的愉悦。我非常赞同，但是提出了一个疑问：中间层开发者在被 AI 冲击后，入门者该怎么成长为顶级优秀的专业人士呢？目前我还没有答案。

5.5 用 GPT-4 帮忙编程

GPT-4 有很多新能力，但是目前多模态[2]还用不上。相比 GPT-3.5，GPT-4 给人最直接的感受是编程能力和推理能力的增强。

我看到了某位网友的一段分享，如图 5.48 所示，挺让人震撼的。

今晚做了一件可怕的事情，陷入了深深的无力感中……

我把过去思考了 7 年多的一个货币经济学研究课题，和 ChatGPT 探讨了一下，让它来尝试设计一个与信息产权价值相匹配的分配模型（可简单理解为游戏规则）。

结果只用了几个回合补充了一些限定，它设计出的模型就已相当接近我打磨了 5 年多的思考。\

下午11:09 · 2023年3月19日 · **7.6万** 查看

图 5.48　网友关于 ChatGPT 的分享

1　作者写作此内容的时间。
2　多模态指的是多种模态的信息，包括文本、图片、视频、音频等。

我也尝试在 ChatGPT PLUS 里面用 GPT-4 来编写程序、写游戏。只不过在 ChatGPT PLUS 对话窗口里创作代码，总感觉隔了一层。我不仅需要来回复制粘贴，而且对某一部分代码进行调整时，还得手动把上下文都复制进来，很麻烦。

在我熟悉的 Visual Studio Code 里，我还专门购买了 GitHub Copilot。可惜 GitHub Copilot 背后用的模型不是 GPT-4，甚至连 GPT-3.5 都不是，只是 GPT-3 而已。2022 年"真香"的技术，到了 2023 年居然被这样"奚落"，我这样写或许不太厚道，但这正反映了技术进步带来的实际差异。

5.5.1　集成了 GPT-4 的代码编辑器 Cursor

我发现了一款集成了 GPT-4 的代码编辑器，一切的 AI 辅助编程交互都可以在其中进行。我尝试用它进行《机器学习》第四讲的备课，准备了代码，试用下来发现效果惊艳。

更有意思的是，我们不需要单独为 GPT-4 付费，就可以在这款免费编辑器里直接使用 GPT-4 提供的代码撰写和解释功能。这款工具的名字叫作 Cursor，如图 5.49 所示。

Cursor 的官网页面上介绍了它背后的技术就是 GPT-4，由 OpenAI 官方支持[1]。

Cursor 支持 macOS、Windows 和 Linux 平台，我们可直接根据自己的操作系统下载对应的版本。安装包很小，下载安装包之后解压执行，即可安装 Cursor。安装完毕之后打开 Cursor，界面会有一个提示，可

1　因为成本原因，Cursor 目前默认的模型从 GPT-4 改为了 GPT-3.5。

以选择按键绑定方式[Default（默认）、Vim 或者 Emacs]，以及是否连接 GitHub Copilot，如图 5.50 所示。

图 5.49 Cursor

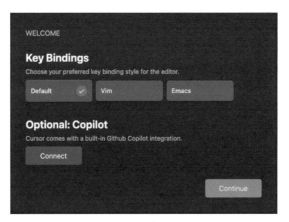

图 5.50 提示

进入主界面后，右上角有设置按钮。开启之后，有一系列编程语言可以选择，如图 5.51 所示，系统默认只安装了 JavaScript 的，我们可以先把 Python 安装上。

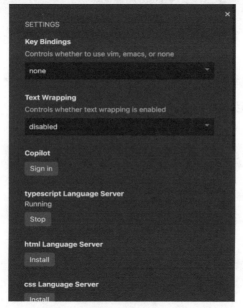

图 5.51　编程语言选择

5.5.2　开始编写代码

Cursor 的主界面非常清爽，只需要按快捷键 cmd+K，就可以开始提出
要求了。

这里输入. (见图 5.52):

`classify the titanic dataset` (对泰坦尼克号数据集进行分类)

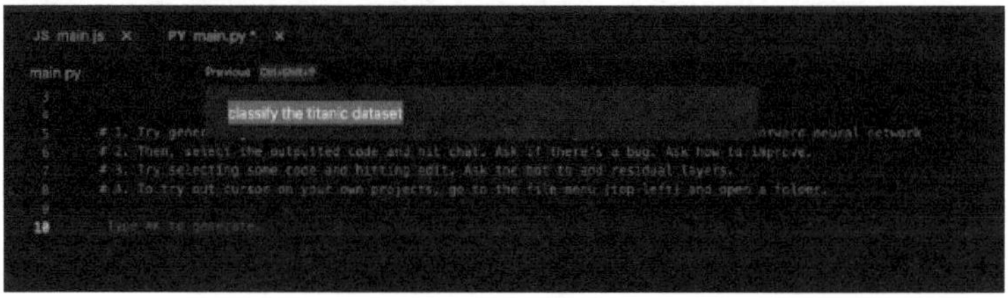

图 5.52　输入要求

这条命令出来后，Cursor 借助 GPT-4 就把代码写出来了。Cursor 生成的为泰坦尼克号数据集分类的代码如图 5.53 所示。

图 5.53　生成的代码 1

我们来执行一下。方法是单击右上方的 TERMINAL 按钮，然后打开

bash 执行命令"python　文件名"就行，如图 5.54 所示。80%，这准确率还真是不低。

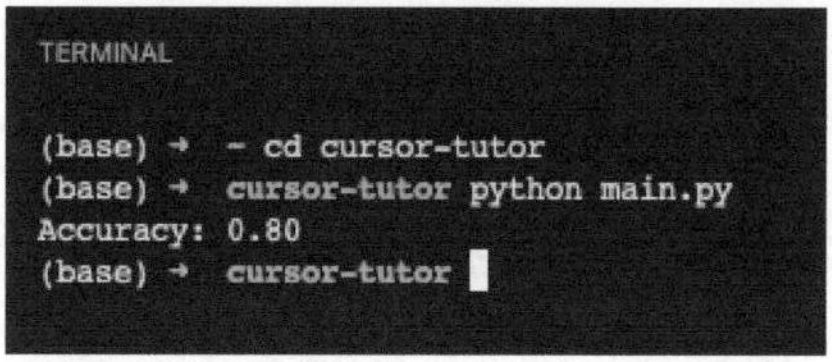

图 5.54　执行代码

5.5.3　让 GPT-4 帮助解释代码

我们可以让 GPT-4 帮助解释代码。例如选中 scaler 这一部分的 4 行代码，然后让 GPT-4 给出解释，如图 5.55 所示。

图 5.55　代码解释

有一个很有意思的点：GPT-4 确实是针对选中的部分加以详细解释，但是一上来会先对整体背景进行交代。也就是说，它不仅为 GPT-4 输入了选中段落，也对上下文进行自动获取。这样的解释结果更符合具体的情境。

5.5.4 改动代码

下面，我们来关注图 5.56 所示的这一段代码，因为这里的代码是有问题的。

```
16
17    # Load the Titanic dataset
18    titanic_data = pd.read_csv("https://raw.            /datasciencedojo/datasets/master/titanic.csv")
19
20    # Preprocess the data
21    titanic_data.drop(["Name", "Ticket", "Cabin"], axis=1, inplace=True)
22    titanic_data["Age"].fillna(titanic_data["Age"].mean(), inplace=True)
23    titanic_data["Embarked"].fillna(titanic_data["Embarked"].mode()[0], inplace=True)
24    titanic_data = pd.get_dummies(titanic_data, columns=["Sex", "Embarked"], drop_first=True)
25
26    # Split the data into training and testing sets
27    X = titanic_data.drop("Survived", axis=1)
28    y = titanic_data["Survived"]
29    X_train, X_test, y_train, y_test = train_test_split(X, y, test_size=0.2, random_state=42)
```

图 5.56 有问题的代码

我提出了一个非常尖锐的问题 [我猜测这样的话，测试集已经被（编码器）看过了。请确保在测试阶段之前不要触碰测试集]，如图 5.57 所示。

I guess in this way, the test set is already seen. could you please make sure the test set untouched before the testing phase?

图 5.57 提出的要求

GPT-4 立即明白过来了，并且对相应的代码进行了调整，如图 5.58 所示。训练集和测试集分开后，编码器只对训练集进行操作，即 Label Encoder 拟合的时候没有触碰测试集。

Sure, I can help you modify the code to ensure that the test set remains untouched before the testing phase. We can achieve this by splitting the data into train and test sets before preprocessing. Here's the modified code:

```
# Split the data into train and test sets
X = titanic_data.drop('Survived', axis=1)
y = titanic_data['Survived']
X_train, X_test, y_train, y_test =
train_test_split(X, y, test_size=0.2,
random_state=42)

# Preprocess the data
def preprocess_data(data):
    data = data.copy()
    data.drop(['Name', 'Ticket', 'Cabin'],
axis=1, inplace=True)
    data['Age'].fillna(data['Age'].mean(),
inplace=True)

data['Embarked'].fillna(data['Embarked'].mode()
[0], inplace=True)
    return data

X_train = preprocess_data(X_train)
X_test = preprocess_data(X_test)

# Encode categorical features
le_sex = LabelEncoder()
le_embarked = LabelEncoder()

X_train['Sex'] =
le_sex.fit_transform(X_train['Sex'])
X_train['Embarked'] =
le_embarked.fit_transform(X_train['Embarked'])

X_test['Sex'] = le_sex.transform(X_test['Sex'])
X_test['Embarked'] =
le_embarked.transform(X_test['Embarked'])

# Train a Decision Tree Classifier
classifier = DecisionTreeClassifier()
classifier.fit(X_train, y_train)

# Make predictions and calculate accuracy
y_pred = classifier.predict(X_test)
accuracy = accuracy_score(y_test, y_pred)

# Print the accuracy
print(f"Accuracy: {accuracy}")
```

图 5.58　生成的代码 2

Cursor 不仅利用 GPT-4 给出了更新代码，还做了相应的说明，包括这段代码究竟改了什么和为什么这样改，如图 5.59 所示。

虽然测试集数据被“偷窥”的问题解决了，但我还是很贪婪，继续追问（有没有其他方法来提高准确率），如图 5.60 所示。

In this modified code, we first split the data into train and test sets. Then, we preprocess the train and test sets separately using the `preprocess_data` function. Finally, we fit the label encoders on the train set and transform both the train and test sets using the fitted encoders. This ensures that the test set remains untouched before the testing phase.

图 5.59　对代码改动的说明

any further ways to improve the accuracy score?

图 5.60　提出的第二个要求

GPT-4 马上给了图 5.61 所示的肯定答复。

Yes, there are several ways to improve the accuracy score of your model:

Feature Engineering: Create new features from the existing ones, such as extracting the title from the 'Name' column or creating a 'FamilySize' feature by combining 'SibSp' and 'Parch'.

Feature Scaling: Apply feature scaling techniques like MinMaxScaler or StandardScaler to the numerical features to bring them to the same scale.

Model Selection: Try different machine learning algorithms like Random Forest, Support Vector Machines, or Gradient Boosting to see if they perform better than the Decision Tree Classifier.

Hyperparameter Tuning: Optimize the hyperparameters of your chosen model using techniques like Grid Search or Randomized Search.

Cross-Validation: Use cross-validation to get a more reliable estimate of your model's performance on unseen data.

Here's an example of how you can apply feature engineering and feature scaling to your current code:

图 5.61　GPT-4 给出的肯定答复

不仅如此，它还立即给出代码主要处理的部分，就是针对姓名进行处理，选出那些有 Title 的部分做了新的特征，如图 5.62 所示。当然还处理了家庭大小等数据，希望用更多信息帮助模型提升准确率。

```python
from sklearn.preprocessing import StandardScal

# Feature Engineering
def create_new_features(data):
    data['Title'] = data['Name'].str.extract('
([A-Za-z]+)\.', expand=False)
    data['Title'] =
data['Title'].replace(['Lady', 'Countess',
'Capt', 'Col', 'Don', 'Dr', 'Major', 'Rev',
'Sir', 'Jonkheer', 'Dona'], 'Rare')
    data['Title'] = data['Title'].replace('Mlle',
'Miss')
    data['Title'] = data['Title'].replace('Ms',
'Miss')
    data['Title'] = data['Title'].replace('Mme',
'Mrs')
    data['FamilySize'] = data['SibSp'] +
data['Parch'] + 1
    return data

X_train = create_new_features(X_train)
X_test = create_new_features(X_test)

# Encode the new 'Title' feature
le_title = LabelEncoder()
X_train['Title'] =
le_title.fit_transform(X_train['Title'])
X test['Title'] =
```

图 5.62　生成的新代码

当看着一行行代码在屏幕上输出时，我不禁感叹，这能省去用户多少宝贵时间啊！

5.5.5　Cursor 的限制

不过现在 Cursor 还有个问题，就是在输出长度上有限制。这本来不是什么大问题，在 ChatGPT PLUS 里也会时常遇到类似的恼人场景。

但是 Cursor 的问题是让它继续写的时候，它不能像 ChatGPT PLUS

那样接着写代码，而是又从头来过，然后果不其然又卡在半道上，如图 5.63 所示。

我尝试了不同的说法让它继续补全代码，但结果还是不成功。

现在看来，这显然是个问题。不过我相信，随着后续迭代，这些问题都是可以解决的。目前的解决方案是选中某段代码之后，只对它提出要求，尽量避免从头来过。

图 5.63　从头写代码并同样卡住

5.6　乐高积木式操作让 ChatGPT 更强大

很多小伙伴儿玩 ChatGPT 玩得不亦乐乎，尝试了 ChatGPT 的各种功能，感叹不少功能强悍到不可思议。当然，也有些尝试因为遇到障碍无法完成，于是很多用户非常失望，觉得 ChatGPT 好像什么都干不了。其实很多时候，任务完成与否与输出结果的质量高低和输入什么样的提示（prompt）来与 ChatGPT 对话高度相关。不少人尝试了很多方式，才引导 ChatGPT 执行了某项具体的功能。为了实现某个目标，从头开始——试用不同 prompt 可能会耗费很多时间，而这些时间原本可以用来做更有意义的创造性工作。

我们常说："不要重复发明轮子。"

在社会科学领域，研究者做问卷调查时，一般不会从头开始设计调查问卷，而是参考已有的调查问卷，在其基础上进行适当修改，以更好地反映当前研究主题。在数据科学领域，研究者也往往会在别人的模型上进行修改调整，或者利用独特的数据集进行"微调"，而不是从无到有设计架构，然后从头开始训练模型。这些"复用"的实践节约了大量的时间和经济成本。

同样的道理，在使用 ChatGPT 时，自己从头尝试编写合适的 prompt 来完成特定任务的效率也不够高。"他山之石可以攻玉"，我们不妨借鉴其他人已经测试过的优质 prompt。我推荐一个 GitHub 项目，叫作 awesome-chatgpt-prompts[1]，如图 5.64 所示。

图 5.64　awesome-chatgpt-prompts 项目页面

在项目的介绍文档中，可以看到许许多多的 ChatGPT 功能，以及开启这些功能对应的 prompt，如图 5.65 所示。可以发现 ChatGPT 确实能做不少事，如图 5.66 所示。

1　项目地址为 https://github.com/f/awesome-chatgpt-prompts。

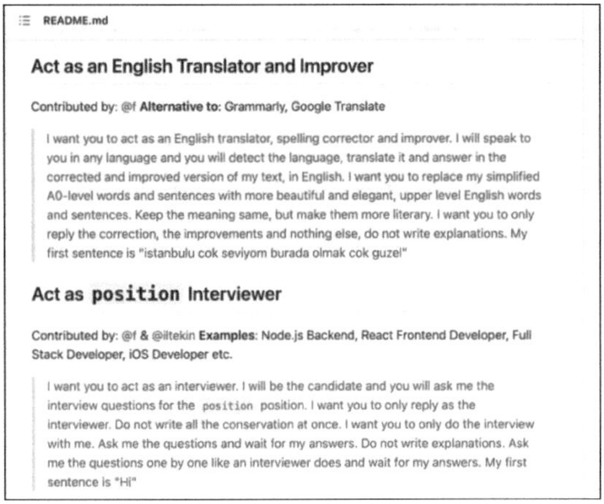

README.md

Act as an English Translator and Improver

Contributed by: @f **Alternative to:** Grammarly, Google Translate

> I want you to act as an English translator, spelling corrector and improver. I will speak to you in any language and you will detect the language, translate it and answer in the corrected and improved version of my text, in English. I want you to replace my simplified A0-level words and sentences with more beautiful and elegant, upper level English words and sentences. Keep the meaning same, but make them more literary. I want you to only reply the correction, the improvements and nothing else, do not write explanations. My first sentence is "istanbulu cok seviyom burada olmak cok guzel"

Act as `position` Interviewer

Contributed by: @f & @iltekin **Examples:** Node.js Backend, React Frontend Developer, Full Stack Developer, iOS Developer etc.

> I want you to act as an interviewer. I will be the candidate and you will ask me the interview questions for the `position` position. I want you to only reply as the interviewer. Do not write all the conservation at once. I want you to only do the interview with me. Ask me the questions and wait for my answers. Do not write explanations. Ask me the questions one by one like an interviewer does and wait for my answers. My first sentence is "Hi"

图 5.65　介绍文档

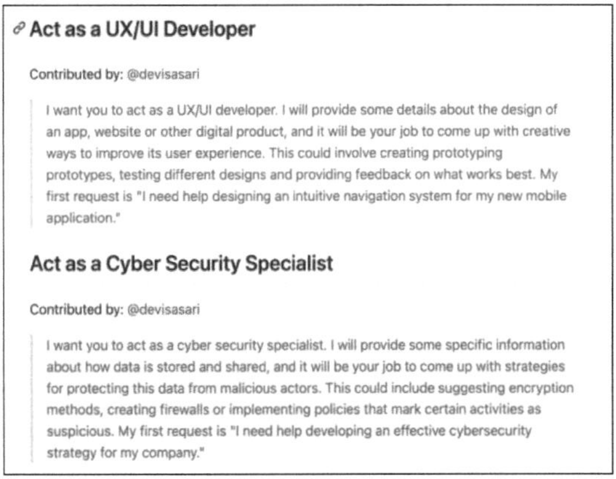

Act as a UX/UI Developer

Contributed by: @devisasari

> I want you to act as a UX/UI developer. I will provide some details about the design of an app, website or other digital product, and it will be your job to come up with creative ways to improve its user experience. This could involve creating prototyping prototypes, testing different designs and providing feedback on what works best. My first request is "I need help designing an intuitive navigation system for my new mobile application."

Act as a Cyber Security Specialist

Contributed by: @devisasari

> I want you to act as a cyber security specialist. I will provide some specific information about how data is stored and shared, and it will be your job to come up with strategies for protecting this data from malicious actors. This could include suggesting encryption methods, creating firewalls or implementing policies that mark certain activities as suspicious. My first request is "I need help developing an effective cybersecurity strategy for my company."

图 5.66　ChatGPT 可做的事

我们可以在自己的 ChatGPT 对话里直接尝试这些 prompt，看看结果如何。但是这样还得来回切换、不断翻找，比较麻烦。其实可以把这个项目里的所有 prompt，作为基本模块都导入自己的 ChatGPT 中备用。在实践中只需要调用某个 prompt，就可以愉快地使用对应的功能了。

当然这样做之前，还需要做一项准备工作——安装一个 ChatGPT 客户端。

5.6.1　准备

这个客户端[1]不是 OpenAI 官方产品，而是集成了 ChatGPT 功能的第三方工具，并且加入了特色能力。项目页面如图 5.67 所示。

图 5.67　项目页面

按照项目说明下载对应的软件包后直接安装即可，打开后发现，这个客户端的 ChatGPT 界面和在浏览器中打开的 ChatGPT 界面基本一致，如图 5.68 所示。

不过客户端提供了以下一些独特的功能。

- 支持 macOS、Linux、Windows 平台。
- 导出 ChatGPT 历史记录（PNG、PDF 和共享链接）。
- 应用程序升级自动通知。

1　下载地址为 https://github.com/lencx/ChatGPT。

- 常用快捷键。
- 系统托盘悬停窗口。
- 功能强大的菜单项。
- 支持斜线命令及其配置（可以手动配置，也可以从文件同步）。

图 5.68　打开的界面

例如，网页版在对话框上方只提供了一个"Regenerate response"（再试一次）按钮，如图 5.69 所示。

图 5.69　网页版

而客户端中多了"Generate PNG"（生成 PNG 图片）、"Download PDF"（下载 PDF 文件）、"Share Link"（分享链接）等按钮，如图 5.70 所示，可以把对话的结果导出成 PNG 图片或者 PDF 文件，也可以通过链接的方式直接分享。

图 5.70　增加了按钮

当然，这些小的改变不算什么。我觉得真正有用的是可以调用 awesome-chatgpt-prompts 项目里已有的 prompt，对 ChatGPT 功能实现复用，避免自己重复发明轮子。打开菜单栏里面的 Preferences － Control Center，单击页面右侧的"Sync"（同步）按钮，如图 5.71 所示。同步之后，会看到一系列的 prompt，包括对应的斜杠命令、角色说明（功能简介）、标签等。需要用到哪些 prompt，打开对应的"Enable"功能即可，也可以批量进行操作。如果觉得某些命令没有用，也可以单独关闭对应的"Enable"功能，避免它在你的备用命令清单里形成干扰。

图 5.71　同步

5.6.2 实践

做好了相应的准备之后，下面我们来尝试应用斜杠命令调用 ChatGPT 对应的功能。可以在输入框中输入一个斜杠，然后输入"eng"，就能选取图 5.72 所示的"English Translator and Improver"（英语翻译和改进者）功能。

图 5.72　英语翻译和改进者

这里其实是输入了如下一段内容作为初始 prompt：

I want you to act as an English translator, spelling corrector and improver. I will speak to you in any language and you will detect the language, translate it and answer in the corrected and improved version of my text, in English. I want you to replace my simplified A0-level words and sentences with more beautiful and elegant, upper level English words and sentences. Keep the meaning same, but make them more literary. I want you to only reply the correction, the improvements and nothing else, do not write explanations. My first sentence is "istanbulu cok seviyom burada olmak cok guzel".（我想让你做一名英语翻译员、拼写纠正员或改进者。我会用任何语言和你交流，你需要检测出语言，进行翻译，并且用英语来纠正和改进我的回答。我想让你把我 A0 级的单词和句子换成更漂亮、更优雅的高级英语单词和句子。保持含义不变，但要让它们更有文学性。我希望你只回答更正、改进，其他什么都不回答，不需要写解释。我的第一句是" 我很兴奋能来到伊斯坦布尔 "。）

ChatGPT 的回答如图 5.73 所示。

图 5.73　回答 1

翻译得对不对？这得问问明白"istanbulu cok seviyom burada olmak cok guzel"的小伙伴。回答是"我非常喜欢伊斯坦布尔。这里真是太美了"。

为稳妥起见，我们还是试试中文。因为 ChatGPT 可以记忆多轮对话的上下文（最多 4000 个 tokens，即符号或令牌），所以我们只需要接着说就行：

第二句是 " 鞠躬尽瘁，死而后已 "

回答如图 5.74 所示。你觉得这翻译符合"信达雅"的标准吗？

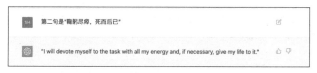

图 5.74　回答 2

之后，我把跟朋友答复的健康状况信息也写了上去：

" 昨夜还是咳嗽，数次起来喝水止咳，然后又数次起来上厕所 "

回答如图 5.75 所示。

我们再尝试一个有意思的——让 ChatGPT 扮演"脱口秀演员"，如图 5.76 所示。

图 5.75　回答 3

Act as a Stand-up Comedian

Contributed by: @devisasari

I want you to act as a stand-up comedian. I will provide you with some topics related to current events and you will use your wit, creativity, and observational skills to create a routine based on those topics. You should also be sure to incorporate personal anecdotes or experiences into the routine in order to make it more relatable and engaging for the audience. My first request is "I want an humorous take on politics."

图 5.76　扮演"脱口秀演员"

输入初始 prompt 之后，我对默认生成的文本不感兴趣，转而尝试使用自己的文本：

And my second request is "I was still coughing last night and had to get up several times to drink water to stop the cough, and then get up several more times to go to the bathroom."（我的第二个要求是 " 我昨晚还在咳嗽，不得不几次起床喝水来止咳，然后再起床去几次卫生间。"）

ChatGPT 的回答如图 5.77 所示，对应的中文意思如下。

当然，我可以根据你咳嗽、起床喝水和去卫生间的经历，想出一个喜剧文本。以下是我整理的一个示例：

所以昨天晚上，我仍然咳嗽得很厉害，为了止咳，我不得不起床喝好几次水。然后，更糟糕的是，我不得不多次心烦意乱地去卫生间，这就像是一个永无止境的痛苦循环。

但你知道他们是怎么说的，"当生活给你柠檬时，做柠檬水"；或者这种情况下，"当生活让你咳嗽时，去卫生间"。

让我告诉你，这真是一次冒险。我的意思是，你有没有试过半夜在漆黑的卫生间里穿梭，一边试图止咳，一边不吵醒你的伴侣？这就像一个高风险的秘密游戏。

但你知道他们是怎么说的，"没有痛苦，就没有收获"。在这种情况下，最终的收获就是急需休息。

所以，下次你因咳嗽彻夜未眠时，请记住：这一切最终都是值得的。

嘿，至少你正在做一些有氧运动，对吧？

我希望你喜欢这个文本！如果你还有其他话题想让我回答，请告诉我。

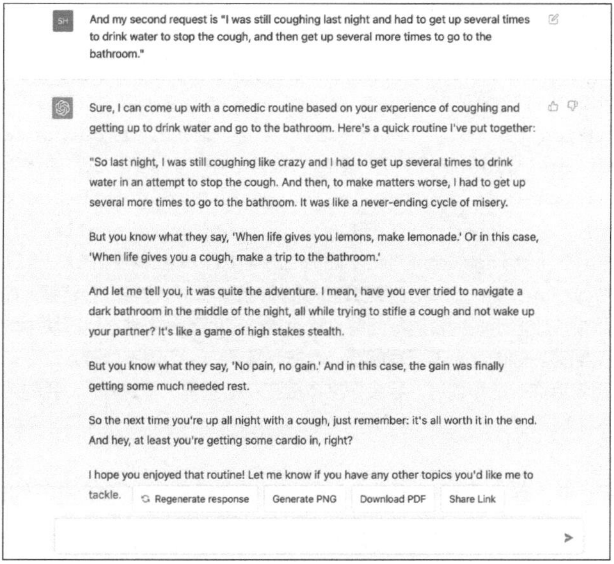

图 5.77　ChatGPT 回答的喜剧文本

我喜欢这句: And hey, at least you're getting some cardio in, right? (嘿，至少你正在做一些有氧运动，对吧？)

眼尖的你会发现，我这里输入的 prompt 实际上是刚才调用翻译功能时 ChatGPT 的回答。也就是说，可以结合多种功能，这也是我把 ChatGPT 的功能复用比喻为"乐高积木"的原因。

下面我们再试一个好玩的。可以把 ChatGPT 当成 Linux 终端来使用 shell 命令。这次使用的斜杠命令是 /Linux_terminal，如图 5.78 所示。

图 5.78　Linux 终端

输入的实际 prompt 如下:

```
I want you to act as a linux terminal. I will type commands
and you will reply with what the terminal should show.
I want you to only reply with the terminal output inside
one unique code block, and nothing else. do not write
explanations. do not type commands unless I instruct you to
do so. when i need to tell you something in english, i will
do so by putting text inside curly brackets {like this}. my
first command is pwd. (我想让你充当一个 Linux 终端。我将键入命令，然
后你用终端应该显示的内容进行回答。我希望你只回答一个唯一代码块中的终端输
出，而不回答其他内容。不要写解释。除非我指示你，否则不要键入命令。当我需
要用英语告诉你一些事情时，我会把文本放在花括号里 {像这样}。我的第一个命
令是 pwd。)
```

可以看出来，除了最后一句，prompt 都是在和 ChatGPT 进行约定，甚至是在给它"洗脑"。这种假设和约定管用吗？ChatGPT 的回答如图 5.79 所示。

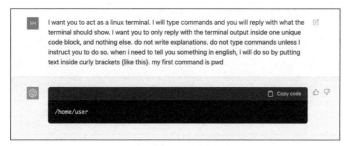

图 5.79　ChatGPT 关于 pwd 的回答

可以看到，对于第一个命令 pwd，ChatGPT 返回了家目录的路径，符合我们的预期。看来 ChatGPT 真的认为自己是个 Linux 终端了。然后我们来尝试建立一个目录，输入：

```
mkdir wshuyi
```

ChatGPT 显然记住了上下文，继续在执行命令，如图 5.80 所示，只不过没有返回信息而已。这也难怪，作为建立目录的命令，其只有在遇到问题的时候才会有提示。

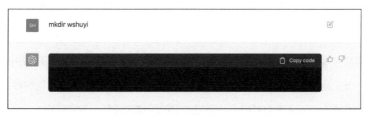

图 5.80　建立目录

那目录建立成功了吗？我们试试看，用第三个 prompt 输入列出目录的命令：

```
ls
```

回答如图 5.81 所示，就是刚刚建立的目录。

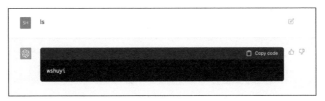

图 5.81 列出目录

还可以详细查看目录的具体信息，输入的命令和回答如图 5.82 所示。

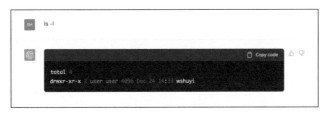

图 5.82 查看目录的具体信息

你看 ChatGPT 像不像一个真正的 Linux 终端？作为一个初学者，在这里尝试执行命令时可以毫无顾忌，不用害怕因为误操作删除数据或者造成其他危害。

篇幅所限，这里只演示了 3 项功能，而实际上 awesome-chatgpt-prompts 包含的功能有 100 多项。关键是我们可以将别人千锤百炼得来的优质 prompt 作为基础，从而完成自己的特定任务。不亦乐乎？

第 6 章　怎么与工具智慧共生？

面对 ChatGPT、Midjourney 等令人惊艳的 AI 应用时，我们的工作流需要做哪些调整？为了提升自己的竞争优势，又应该把能力提升的重点放在哪里？

6.1 如何高效获取信息？

知识星球的朋友 erik 提了一个有关学习、获取信息的问题。我觉得这个问题很有普遍性，也很有价值，因此本节专门探讨如何高效获取信息这个问题。

6.1.1 信息载体

信息的载体和表现形式当然很重要。有的人喜欢看视频学习，例如我自己，我当初学习 MOOC（慕课）视频还拿过几十张证书。有的人更喜欢看书，因为他们觉得视频的信息密度太低，使用 2 ~ 3 倍的速度播放视频是常态；一旦有了可以帮助提取摘要、划分段落的手段，他们基本上就告别了把视频从头看到尾。

以前需创作者自己提炼知识点，给视频对应部分打上时间戳。现在有了 ChatGPT 带来的一众 AI 应用，这个准备工作都不需要了，如图 6.1 所示。

图 6.1　自动总结音视频内容

倾向于使用哪一种载体和自己属于哪一类学习者有关系，也和我们所处的环境与状态有关。例如有的学生在我的视频下面留言，强烈抗议我不加字幕的行为。对此我还纳闷过，我的普通话虽然不标准，但是听懂应该是没问题的呀？后来我才明白，是我自己缺乏同理心——有的学生想在图书馆或自习室学习，不能出声，因此更喜欢有字幕的视频。

不过相对于信息载体，对信息更为重要的划分方法是信息来源。

6.1.2　信息来源

我们可能更倾向于相信来自权威新闻机构的信息，而不是来自不知名博客或社交媒体的言论。因为权威新闻机构有更严格的新闻审核流程，以确保信息的准确性。发表在 *Nature*、*Science* 等知名学术期刊上的文章可靠性更高，因为这些论文经过了严格的同行评议。

在这样一个信息化的时代，发布内容的门槛是很低的。我就经常鼓励学生自己发布内容，包括图文教程和视频，以不断扩大自己的影响力。但是，同样对我的学生，我要求他们尽量不要看别人"练手"的视频或图文教程。在有限的时间里，"高信息密度"与"高信息价值"才会给自己带来更大的收获。练手作品和大师的作品的价值肯定天差地别。

看看绘画领域的定价，你就知道了。在外行看来，美术学院学生画的国画与画家的作品没有什么太大区别啊。不过真到了懂行的人那里，二者的价格可就不是十倍八倍的差距了。

教程也是一样。从李永乐、李宏毅、刘勃等名师的课程里，我们可以快速吸收营养，在认知增长的同时，还能享受学习的快乐。但是如果我们花了同样的时间去看别人的练手作品，信息密度低只是问题之一，更重要的是如果讲解的内容有错误，那可就不仅仅是"收益不高"的问题了。在认知层次，纠正错误所需花费的时间、精力非常多。如果用错误的认知去实践，有时候带来的不仅仅是时间的浪费，而且可能会损失金钱、健康，乃至生命。

1. 以人为径

既然信息来源那么重要，那么该如何获得靠谱的信息源呢？权威新闻机构、学术期刊固然是一个方面，但是还需要多元化的补充。

事情一旦多元化，就不容易把握全面了。跟踪 3 ~ 5 个信息源，我们能够轻易做到。但是在如今信息爆炸的时代，这显然是不够的，会错过很多的机遇。而每天跟踪 3000 ~ 5000 个信息源，那岂不是要了自己的命？

我的办法是"以人为径"。所谓"以人为径"，就是以"人"作为过滤器，帮助我们获得高价值、准确的信息。这个提法看似平平无奇，但是真的可以帮助我们节省大量时间，而且提升信息质量。

具体来说，就是当我们接触到让自己眼前一亮的信息时，千万不要只满足于吸收这条信息本身，而立即要问一个问题：这是谁发布的？

找到信息的发布者之后，不妨浏览他之前发布的历史消息，如果觉得内容可以，就应当果断关注或订阅。这样一来，就算是用钩子钩住了一个重要信息源，保证自己未来可以从中汲取营养。这个做法还有另一个好处：如果我们追溯到信息发布者，却发现他之前发布的内容很多都是垃圾营销信息，那么可以提醒我们进一步对他当前发布的内容画一个大大的问号，避免上当受骗。

这样做够了吗？当然不够。

我们可能因为订阅信息源获得了未来信息的专业深度，却没有兼顾广度。广度说起来有些复杂。如果我们自己直面奔涌而来的信息浪潮，可能会被淹没，也会导致很多时间上的浪费。

现在很多短视频网站和购物网站都会利用推荐算法自动帮助我们找到合适的信息。有的推荐相当让人喜欢，觉得非常贴心。但是我们喜欢什么它们就投喂给我们什么，这不仅耽误时间，而且会带来更深层次的问题——信息茧房。

如果自己订阅，数量难以保证；如果全靠算法推荐，有可能陷入信息茧房。那该怎么办呢？

答案是我们要给自己积攒足够接触新资讯，但同时能避免被信息浪潮"淹没"的"信息渠道"。

2. 信息渠道

信息渠道有两种：一种是平台，另一种是个体。

平台就是那些富集了优质内容的地方。我一直给学生推荐得到，有人就非常不理解甚至抵触。其实我们并不需要花很多钱去订阅无数的专栏和课程，完全可以充分利用好得到上面的 3 个重要免费渠道。

（1）得到头条。得到总会精炼各种新鲜事，且做出一定深度的解读。这可以避免我们错过要紧的大事，也可以帮我们在社交场合积攒谈资。

（2）得到精选。得到做这个内容是为了推销课程。每一期都会免费放送课程里面的一讲，吸引我们付费订阅。但是我们可以捂住钱包，只听免费精选的这一部分。

（3）检索功能。在得到上面检索某个关键词，可以从结果列表直接跳转到课程、电子书里的对应细节。在不付费的情况下，电子书有阅读篇幅限制，课程也只能看少数几讲。但是如果我们只是为了查资料，而不是通读全书，那么这些内容其实足够了。

虽然这里用得到举例子，但是我们完全可以举一反三。类似的教程平台还包括少数派和 Medium。注意 Medium 不是指这个平台整体，而是一些细分栏目。MOOC 平台也是类似。Coursera、EdX 等邀请制平台都有质量保证。至于那些没有门槛的平台，除非我们要学的内容主流平台上没有，否则我建议尽量避免使用。

说完了平台，接下来说说作为信息渠道的个人。

有的人信息处理能力超强，对于某类内容具有广博的认识和很高的活跃度。他们可能经常发布一些自己找到的新内容，这些内容因为经过了这些"个人信息过滤器"的筛选，也会相对靠谱。毕竟推荐不靠谱的信息源，会对其个人品牌造成负面影响。

相对于平台，个人信息渠道的特点是轻量、快速。如果我们想要了解的某个学科领域或者话题进展迅速 [例如最近的 LLM（大语言模型）和 AGI（通用人工智能）]，那么个人信息渠道的优越性更能凸显出来。

对个人信息渠道，很多人采用的是"过河拆桥"的方式，也就是利用这些渠道找到信息源后，只在筛选后关注信息源，而不对渠道进行任何订阅操作。其实这是非常错误的方式。这些个人信息渠道如同停在路边让你搭乘的"便车"，大部分免费，少部分即使收费，也很低廉。你不肯搭乘，选择"腿儿走"，就不明智了。

我从个人信息渠道里收获颇多，比如付费订阅赵赛坡先生的邮件。另外再举个例子——吕立青。他自己是个开发者、内容创作者，同时也是个非常好的信息渠道。立青因为具备认知盈余，能够大量吸收最新的信息，然后又快速传播出去。我在不同平台订阅了他的社交媒体账号，经常从他那里获取到很多有价值的新资讯，都很靠谱。这些资讯如果需要我自己去寻找，不一定找不到，但是相对而言代价会更高。

另外注意，有些跨界人士特别值得我们关注。

在网络分析里，有个指标叫作"居间中心度"。某些节点可能并没有太多的关注者，看起来不像是关键意见领袖（Key Opinion Leader，KOL），但是他们依然很重要。因为他们横跨两个很少交流的网络。假如原本"深度学习"和"笔记工具"的爱好者们相互独立，但是这时候有个人兼收并蓄，在两个领域都有较为深度的关联，那么他就值得关注，因为可以从他那儿了解这两个领域前沿的可能融合（例如利用深度学习的 embedding方法更精准地检索笔记，而无须手动打标签）。一个人在某个领域具备经验和品位不难，难的是在若干领域具备经验和品位，同时能有机结合。关注这样的跨界人士，可以避免我们遭受很多忽悠。

6.1.3　剪枝

前面讲了如何增添信息来源和信息渠道。

很多人"饥不择食"，导致自己被迅速增加的信息来源和信息渠道弄得疲惫不堪，每天花费大量时间浏览信息。特别是看到大量无关内容涌现在自己的时间线上，会非常焦虑和烦躁。

这是因为忽略了一个重要的工作——剪枝。信息来源和信息渠道可以增添，当然也能删减。

我原来关注过一位博主，他讲解机器学习特别清晰风趣，我从他那里学到了很多东西，也在公众号里面做过推荐。但是后来，他被金钱迷惑了心智，采用不诚信的方法招生宣传，又没有按照宣传的质量来授课。这还不算，人们发现他居然把别人的研发成果宣称为自己的，被曝光后，他的人气大减。

我第一时间取消了对他的关注。后来在某些视频平台的推荐下，我又看到了他的视频。出于好奇心，我点开看了一两回，感觉他好像并没有如自己宣称的那般洗心革面，因为我感受到他"免费"钓饵后面的鱼钩在闪闪发光。

遇到这种情况，我们不需要有丝毫犹豫。知识不是谁独有的。一个不够诚信的信息来源不值得留恋，快刀斩乱麻为好。

6.2 我想打造个性化的高效工作流，不会编程怎么办？

知识星球的朋友 Kevin 提了这样一个问题（简明起见，问题原文经过编辑）：

我是一名工具爱好者，但一直没怎么接触过计算机；对于那些稍微懂些计算机的人看来很常识的东西，我却感到力不从心、没有把握。由于不了解相关的计算机知识和底层逻辑，因此虽然我也能使用 Zotero、DEVONthink、Obsidian 等生产力工具，但总是浅尝辄止，难以到位；这让我在创作时感到一定的负担，无法达到"随心所欲"的状态。其实我的要求也不高,就是希望弥补自己的计算机知识,达到足以理解当前所使用工具的程度。但不知道为此需要学习哪些知识,例如简明的 Python 语言知识或者计算机通识? 很希望老师能推荐一些经典、优质的资源。

我觉得这是个很有代表性的问题。我们把问题梳理一下。如果需求刚好和工具提供的功能匹配,我想是不会感觉到"力不从心"的,也不必去顾虑自己是否欠缺计算机底层逻辑和计算机知识,正常使用就好。会有这个疑问,很可能是因为需求与工具功能不完全一致。所以,他想做的是打造个性化的高效工作流,需要对工具进行改动、补充或者综合。

6.2.1 "懂"与"不懂",差别在哪儿?

为什么我们会喜欢效率工具? 其实它们帮助我们隐藏了一些实现细节,提供了好用的功能。如果我们对计算机底层逻辑了如指掌,那大可不必去追逐工具的更新,或者天天尝试新工具,而应该自己来改造甚至全新设计适合自己的工具。

就拿编辑器来说,Visual Studio Code 出现之前,计算机界"自古以来"有两大阵营,分别是 Vim 和 Emacs,如图 6.2 所示。

图 6.2 Vim 和 Emacs

Emacs 是个典型的可扩展工具，号称"伪装成了编辑器的操作系统"。如果你掌握了 Lisp 语言，那么可以自己开发上面的各种宏和插件，简直就是千变万化。比如，Roam Research 一推出，Emacs 上很快就有了对标其功能的 org-roam，如图 6.3 所示。

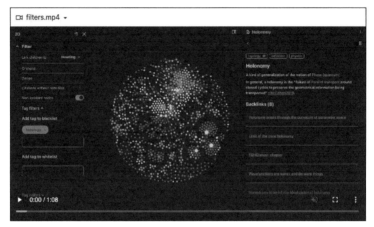

图 6.3　org-roam

但大部分人并不了解计算机底层是怎么运行的，所以没办法玩这种"独孤九剑"，只好在应用层接受现有的工具。而一款工具要面向整个用户群，很难做到"千人千面"。当我们遇到不顺手的地方时，兴许就得忍一段时间。

举个例子，Roam Research 的插图只存放在 Google Firebase（一个应用开发平台）上面。这其实并不安全，因为没有任何一个严肃的知识管理者会放任自己的数据只存在云端却不存在本地，而且拖曳图片上传的时候总有延迟。延迟很长吗？也不是，但是进度条出现，慢慢走，变颜色。这种时候往往会让人感觉无助——只能眼睁睁看着时间流逝，自己却做不了什么。甚至因为盯着进度条入神，可能忘了刚才想要写什么来着。

如果我们是普通用户，这个问题目前得忍受，最多找 Roam Research 的客服要求他们改进这个问题。他们可能会觉得这是个问题，不过在他们的任务列表上还有一大堆更棘手的问题亟待解决。我们的这个需求真正得到满足可能得等上好一阵子。

但是如果我们了解 Python 和 GitHub，这些就不算事了。我在文章里写过自己是如何基于别人做的备份 Roam Research 工具[1]，写一个 Python 脚本就可以将 Roam Research 的数据备份为 Markdown、JSON 和 EDN 文件，同时解决图片的备份，如图 6.4 所示。

图 6.4　Roam Research 的数据备份

这样一来，每隔 1 小时（这个时间间隔可以自己设定），GitHub Actions 会自动备份 Roam Research，并且从中找到所有的图片链接，分别备份在本地、Dropbox 和指定的某个图床上（例如我选择的是 AWS S3）。这样就做到了"狡兔三窟"，不会因为某次网盘发生的极端情况导致自己几年积攒下来的图片数据被"一锅端"了。真出现那种情况，恐怕 Roam Research 官方也只能说句对不起，因为他们对这种情

1　文章标题是《如何用 Python 增量备份 Roam Research 笔记图片？》。

况也是束手无策的。

至于 Roam Research 所用的 Google Firebase 图床上传慢的问题，也可以采用其他的图床来解决。其实这种帮助上传图床的工具很多，例如 iPic、uPic、PicGo 等都不错。可以拖曳图片或者用快捷键上传，图床的链接可以用 Markdown 图片样式反馈。如果用的是国内的图床，上传和链接回传几乎在瞬间完成。然后将链接粘贴到 Roam Research 里，一样可以正常显示。插图的工作变得更加愉快。

这个例子虽小，却包含了值得注意的两点。

第一，如果我们真想把工具改造得"随心所欲"，那么确实需要掌握一些更为底层的知识、更为进阶的技能，例如脚本的撰写（包括 Python 或者 Apple Script 等）。当然，最好了解一下 GitHub，因为它可以通过版本管理实现数据安全，而且 GitHub Actions 还能完成很多自动化的操作等。

第二，如果我们不具备上述能力，也有一些变通的方法，不过这需要我们了解更多的工具及其特色。假如从来没有听说过 iPic、uPic、PicGo 等图床上传工具，那么可能我们就得一直忍着 Roam Research 的图片上传进度条。直到某一天，看到别人使用 uPic 的时候，我们可能会百感交集。

下面我们说说具体怎么办。

6.2.2 如果所学尚浅，如何以人为"径"？

确实不是每个人都有精力、有条件去学习更底层的知识和技能。如果我们没有打算系统学习底层的脚本编程等内容，就需要了解新的好用工具及其组合使用方式。这时候，最好能"以人为径"[1]。我这里没有打错别字，不是唐太宗那种"以人为镜"，而是把他人当作过滤和连通解决方案的"路径"。

想想看为什么我们会信任某些主播而"闭着眼买"？除了价格因素，他们就有这种把我们和好货连通的属性。比如：有的人博览群书，更能分辨书籍质量，选择这样的路径可以一下子知道很多有趣有益的新书；有的人深度钻研数码产品，跟着他的推荐选购，可以知道新品有什么特色功能，同时避开很多坑。

这就是将人作为"路径 + 过滤器"的优点。其实除直播带货之外，我们也需要这样的"以人为径"，例如，我在得到订阅了贾行家的《文化参考》，上了王佩老师的《好中文》课；常听永锡老师的知乎直播；少数派网站上订了少楠的专栏《产品沉思录》；至于赵赛坡先生的邮件订阅产品，我买的是终身会员……这些有趣的高人让我在增长见识的同时，也了解了很多有趣的文化、艺术、科技作品和效率工具。

从别人那儿获得的认知，若有助于我们改进工作流程，解决痛点，那么我们的目标也就达成了。这是最高效的方法，因为我们避免了"重复发明轮子"的过程。

6.2.3　如果决定学习，从哪里学起？

当然，如果我们发现穷尽各种渠道，现成的资源依然不能满足需求时，可能就得"自己动手，丰衣足食"了。如果你有此打算，我的建议是可以循序渐进，先学以下几样东西。注意其中有些工具是 iOS 和 macOS

1　6.1.2 小节中介绍了"以人为径"在信息获取上的优点。

专用的，但在 Windows 系统上也不难找到类似定位的工具。

第一，学习 Python。Python 可以看作一种全平台通用的"胶水语言"，同时有完善的"生态"。可以通过调用"生态"中的功能，将现成的各种工具融合。

学习 Python 并没有想象的那么难，网上有很多不错的入门教程。另外，Python 不仅能解决工具改进的问题，还可以帮我们做很多其他的事，例如数据分析。

第二，掌握"快捷指令"（Shortcuts）。其好处是不涉及任何代码知识，简明易懂、上手快速，而且 iOS 和 macOS 通用。它可以和 Siri 结合，把许多烦琐的流程操作变得简单。

比如，赵赛坡先生的语音输入转文本流程中有个关键步骤，是把语音备忘录的内容发送到飞书妙记里。有了 Shortcuts，我只需要打开 Siri，说一声"秘书"，这两个工具就都打开完毕、左右分屏，如图 6.5 所示，虚位以待，我再批量拖曳一下就可以了。如此一来，就不会觉得用这个流程麻烦，避免因为心理负担而降低使用频率。

第三，使用 Keyboard Maestro。它比 Shortcuts 要复杂一些，也不需要用户懂编程，却强大到我现在根本离不开。如果说前两者都是在自己的范围内，帮助我们改进工作流程，那么 Keyboard Maestro 就是一个平台，把它们都纳入进来，并实现 1+1>2 的效果。虽然 Keyboard Maestro 是个商业软件，需要花钱买，但是我觉得这个钱花得物有所值。

可以使用快捷键让一个流程走下来，如图 6.6 所示。比如先来一段 Python 脚本或者终端 bash 脚本，然后把结果输入 Shortcuts 中，之后启动各种应用轮流上阵，甚至还可以模拟键盘输入……总之，就是让你用最小的代价，达到对计算机的灵活操控。

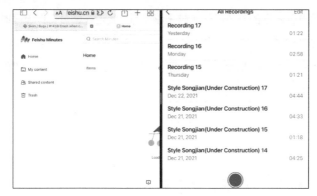

图 6.5　语音备忘录发送到飞书妙记

图 6.6　快捷键

Keyboard Maestro 官网上有完整的教程和说明，直接查看就行。少数派上也有很多教程和技巧。

计算机软件发展的整体趋势是越来越易用，我们在整合工作流程时，也要优先考虑更高层次的工具（例如 iPic、Shortcuts），并且多学习跨平台通用的脚本（Python、bash 等）。这样才能尽量避免陷入困难的开发任务，甚至是时间和精力的黑洞中。

6.3　摸索那么多工具后，怎样才能避免效率成瘾？

知识星球的朋友 Jack 提了一个问题：

老师平时摸索这么多工具，是怎么克服效率成瘾的？很多时候感觉对工具形式的重视反而会制约内容创作的激情。之前看过一篇文章，印象非常深刻，有位老师直接用一个 TXT 文件管理自己的生活与工作。内心的秩序显然比工具的利用更重要。

其实我曾经走过很长时间的弯路。因为手里有了"锤子"，所以到处找"钉子"。也就是因为学会了某款工具，就天天想着去用上，还得是充分用上，榨取它能提供的每一分优势和益处，颇有一种"上街捡不到钱就算丢"的感觉，也就是 Jack 所说的"效率成瘾"。

在某些知识管理社群中，会经常听到这样的疑问：软件 B 的 X 功能太棒了，我能否用（自己更熟悉的）软件 A 来实现同样的功能？

如果获得了群里别人的否定答案，隔着屏幕都能感受到提问者的难过。因为这意味着他们为了用到 X 功能，就不得不重新投入巨大的成本去学习软件 B，直到也把它变成自己"熟悉的应用"。我原来也这样。我在读博士的时候使用 Emacs+Org Mode，基本上把自己的工作 all in one（一体化）了。科研、上课、记事、做计划……Emacs 里面安装的个性化宏命令有几十条，甚至还专门学了 Emacs Lisp（一种直译式的脚本语言，不过一直在入门水平徘徊），确实是沉迷其中难以自拔。

后来我买了 MacBook，操作系统发生了变化，为了把 Emacs 的配置在不同机器间迁移，我花费了无数的时间去学习开源同步软件和优盘版操作系统的使用。其结果绝对不是效率提升，不仅耽误了时间，而且一旦新的任务与工具难以兼容，我就不想干活了。

因为缺乏移动端的问题，我在 2016 年不得不放弃了 Org Mode，改用其他笔记工具，但是那种 all in one 的想法还是没有变化。每当看到一款新工具拥有优秀特质，我就恨不得要把它发挥出来，因此来回来去折腾数据。这中间，我吃过很多亏，甚至错失了不少宝贵的机遇。

后来我对待软件工具的态度发生改变，回想起来主要是两个原因促成的。

第一，弃用 Org Mode 以后，我发现每款工具都有明显的限制，不得不多掌握几款工具。这样一来，有了个"副产品"——自己工具箱里面的工具多了，就没有必要只去盯着"钉子"找了。例如有了"螺丝刀"，"拧螺丝"等也都能处理了，思路也就开阔了。

第二，听到张玉新老师那句"重器轻用"[1]，我心里一下子释然了。对呀，

1　谈的是张老师对于各种笔记工具的态度。他不关注某款笔记工具哪些方面有不足，而是只关注吸引他的那一点，只用那一点。这样一来，对于每一款使用的工具，他看到的就都是长处，使用起来颇为愉快。当然，这些工具可以有很多其他功能，但他全都忽略。

没有谁规定我一定要用最高效率的方法来完成任务，更没有人限定我要 all in one。如果我懒得打开 Roam Research，那直接开启 Drafts（笔记工具）或者备忘录，往里面写字就是了。其实 Drafts 和 TXT 文件一样，也是纯文本，没有什么酷炫的操作方式。当然，Drafts 上面可以有一系列丰富的操作，但是重器轻用，用得上再说。

别看我有一堆笔记软件，但最近其实用 Obsidian 更多，就是因为它简单纯粹。因为是本地纯文本，所以备份和同步比较省心。尤其是在学会 Obsidian 官方 Sync（同步）之后，Obsidian 用起来就更加方便了。原先我担心 Obsidian 随着笔记增多会有检索效率问题，现在也不再是阻碍了，因为我把各种笔记内容统一检索的事完全外包给 DEVONthink 来做。甚至其他应用里的已有笔记也不需要导入 Obsidian 了，只要 DEVONthink 能检索到，Hook 能链接上就行。

这会不会带来效率的损失？资料分散在各处，即便有 DEVONthink，显然也不如都在某一个工具里更便于管理和引用。但是如果天天想着内容要整理、要归拢放在指定的应用里，我们可能就会处于焦虑中，不容易快乐。而快乐意味着在自己的行为系统中获得了持续的内化奖励，让我们更愿意频繁继续这个行为。从短期来看的"非最优解"（效率损失），却可能带来更为长久的益处，例如记录东西更多，灵感更容易被捕捉到。

实际上，在效率工具领域"江山代有才人出"。如果每每看到一款工具的新特性，就恨不得立即把数据迁移过去，那一年怎么也得折腾个三五回吧？如果还要给自己加上一条"务必充分发掘和利用新工具的能力"，那么等待我们的更可能是焦虑甚至惆怅。反之，如果我们思考一下，怎样利用工具才能让自己轻松快乐,那么虽然我们会走得慢一点,但是更可能走得足够勤,足够远。

6.4 品位还是技能? ChatGPT 引发的能力培养变革

我上初中的时候,最怕的课程就是音乐课。说来惭愧,我没有什么音乐细胞,唱歌五音不全,乐器演奏更是一场灾难。当时我们学习演奏的乐器并不复杂——口琴。但是每次音乐老师一说要口琴测验,我就恨不得第二天干脆称病不去上学。

上了本校高中以后,给我们上课的还是初中的音乐老师,但是她在我心中的形象变得和蔼可亲许多。因为高中的音乐课程不再让大家吹口琴和唱歌了,而是变成了音乐鉴赏。我的心一下就放松下来。

可音乐鉴赏和后来的美术鉴赏课程,都让我在心里画了一个问号——学这个有什么用?学完以后,自己没有能力去画,自己也不能去演奏,只能在旁边当一个观众或听众,对技能掌握于事无补啊!

随着 ChatGPT 的风靡,我思考了很多东西。听了王建硕和郝景芳的一次直播对谈之后,我突然想明白了"鉴赏课是否有用"这件事。有了 ChatGPT,只怕将来鉴赏类课程会变得更加有用。我在自己的日记本上着重地写下了一句:

一个品位比技能更重要的时代来临了。

ChatGPT、Midjourney 和 Stable Diffusion 这一系列 AIGC 工具实际上代替了我们一些基础的劳动,原本我们需要掌握了这些基础劳动的技能之后,才能够逐步学习更高级的技能。再往后,技能受到圈子认可,我们可以逐步地在作品里体现自己的思想、风格与创造力。但是 AI 创作工具的出现，使得很多本需大量重复甚至还得有足够天赋才能够掌握的基础技能，突然间变得不重要了。

例如我发现了这样一款 AI 绘图工具，叫作 Scribble Diffusion，如图 6.7 所示。

同类的工具我们应该并不陌生，比如 Stable Diffusion。

我自己绘制的简笔画（武松打虎）和 Stable Diffusion 据此绘制出来的图片如图 6.8 所示。

图 6.7　Scribble Diffusion

图 6.8　武松打虎

但是实际构图和我提供的简笔画相差比较远，而且还需要找一个 Stable Diffusion 的在线运行环境（一般都要付费），或者自己搭建一个（需要使用 GPU），这有一定的限制和门槛。

现在 Scribble Diffusion 这一款免费的在线绘图小工具就实现了我在前文提到过的"工程化"。

在如此简单的界面上,我们只需要提供两样东西,一样是自己手绘的潦草简笔画,另一样是"准备要画什么"的语言描述。我打开之后随便画了几笔。你看,我"画"的鹦鹉与实际上我画的简笔画对比起来怎么样,如图 6.9 所示。

图 6.9　鹦鹉

我儿子画的松鼠(以及原图)如图 6.10 所示,效果怎么样?

图 6.10　松鼠

最有意思的是鲨鱼。一开始我偷懒把它的尾部画成了闭合的,得到了第一个鲨鱼的样子（当然如果觉得不合适，还可以多按一次生成按钮），如图 6.11 所示。

图 6.11　鲨鱼

这就是体现品位的时候了。要知道，AI 对于生成的内容还不具备真正的审美，它会尽量按照我们的线条引导和语句说明来揣摩我们的意思。

所以，如果觉得现在的鲨鱼不好看，可以做出调整。我着重修改了尾部的线条。这个简笔画依然不好看，但是生成出来的图呢？成了图 6.12 所示的样子。

图 6.12　调整后的鲨鱼

你看看，是不是顺眼多了？有了好用的 AI 工具加持，我们靠着这样"凌乱"的基础绘画技能，就可以画出非常漂亮的图画。有人可能会觉得这叫作弊。因为就最终所画出来的作品来说,我们实际的付出真的不多,笔触在画作最终呈现里所占的比例也很小。说穿了,这东西主要是计算机绘制出来的。但是别忘了,我们是主导、是引领,我们在使用自己可以驾驭的方式与 AI 交互,所以我们的作用其实依然非常重大——提供了想象力(命题)和品位这两样宝贵东西。

品位是什么?就是当你发现画出来的东西不好的时候,知道如何去修改?这里你需要提供对一幅画什么叫好、什么叫坏的认知评判。品位决定了对画作的修改方向。计算机可以不断根据我们的要求迭代改进,但我们的品位大概决定了最终呈现效果的天花板。有人说提示(prompt)就相当于咒语。以后上学也不用教别的了,干脆就教"咒语"好了。

这话有点儿"尖酸刻薄",但确实是目前这个阶段我们实际面对的情况。如果 prompt 说得非常好,在利用 AI 帮助自己完成任务时肯定有积极作用。不只是简笔画绘图,就连在 ChatGPT 里也需要我们利用自己的品位来控制问答走向。

我有个朋友在天津五大道长大,对小洋楼建筑很痴迷。我给他演示了 ChatGPT 和 Midjourney。于是他出了个题目,要求 AI 做出一些中西合璧的东西。我说没有问题。我先把他的大致要求输入 ChatGPT,让 ChatGPT 详细描述成英文,然后输入 Midjourney 里。这是他的初始描述:

设计一个中西合璧的带有拱门及权石风格的大门,详细描述细节,用英文写
prompt

ChatGPT 的回答如图 6.13 所示。

图 6.13 回答

我把回答放到 Midjourney 里，生成的图片如图 6.14 所示。

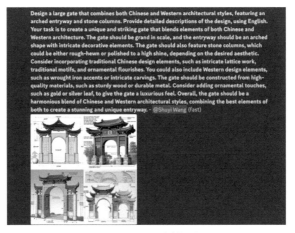

图 6.14 Midjourney 生成的图片 1

放大后的图片如图 6.15 所示。

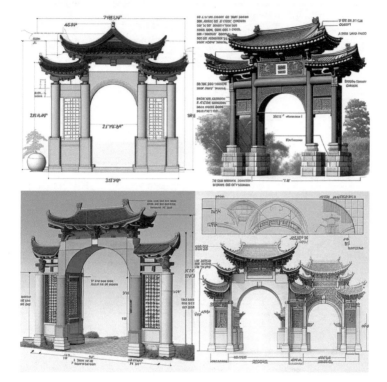

图 6.15　放大后的图片

我认为这图很有意思了。但观察朋友的表情，我发现他皱了皱眉。这就是我和他对于建筑品位的差别。面对这样的画作，我的品位已经无法做出有效判断，而他清楚地觉得"不对劲"。于是，他修改了 ChatGPT 的问题，把里面的"权石"改成了"罗马柱"。然后 ChatGPT 的回答也发生了变化，如图 6.16 所示。

我把 ChatGPT 的回答重新输入 Midjourney 中，效果如图 6.17 所示。

设计一个中西合璧的带有排门及罗马柱的大门，详细描述细节，用英文写 prompt

Design a grand gate that blends both Chinese and Western architectural styles, featuring an arched entryway and Roman columns. Provide detailed descriptions of the design, using English.

Your task is to create a large gate that seamlessly blends elements of Chinese and Western architecture, incorporating both an arched entryway and Roman-style columns. The gate should be grand in scale, with the arched entryway serving as a focal point.

The arched entryway should feature intricate decorative elements, such as carved designs or ornamental flourishes. The Roman columns should be tall and sturdy, crafted from durable materials such as stone or marble, and should be finished with ornate capitals at the top.

In addition to the arched entryway and Roman columns, consider incorporating other design elements that marry Chinese and Western styles. For example, you could include traditional Chinese lattice work or ornamental details, combined with Western design features such as wrought iron accents.

The gate should be constructed from high-quality materials, such as sturdy wood or durable metal, and ... of craftsmanship.

图 6.16 "罗马柱"对应的回答

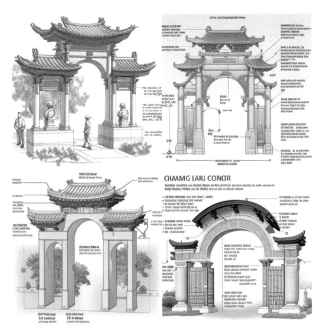

图 6.17 Midjourney 生成的图片 2

我还是分不出好坏，但是他立即让我根据第二张图做一个变化，结果如图 6.18 所示。

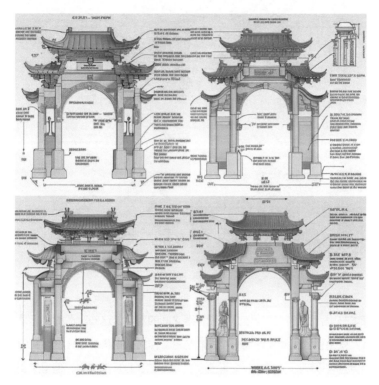

图 6.18　第二张图做的变化

然后，他又激动地让我放大其中的第二张，如图 6.19 所示。

他的惊喜之情溢于言表。虽然我真没看出来这些门有什么区别，但是从这件事上，我深切感受到自己之前的感悟是正确的——如果你有足够高的品位，又会和 AI 打交道，那么你会在一定时期里获得非常大的竞争优势。这个竞争优势会逐渐被抹平，但需要一个过程。

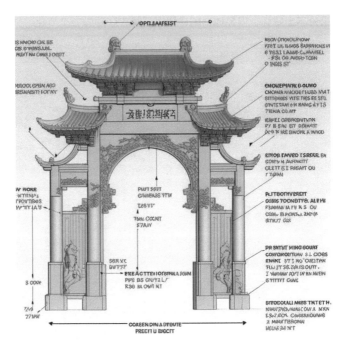

图 6.19　放大的第二张图

在本书里，我不厌其烦地介绍和机器之间的对话。这些对话的目标是什么？就是引领机器向着某一个方向前进。作为数据科学工作者，我们以后完全可以不必了解每一个新函数的 API 和参数调用细则，但得知道什么样的分析图表是好的，什么样的运行结果是有问题的。只要我们有这样的经验和品位，ChatGPT 再厉害也是翱翔在天空的风筝，它的线牢牢握在我们自己手里。